城市生活垃圾焚烧飞灰熔融处理技术

王学涛　著

中国建材工业出版社
北　京

图书在版编目（CIP）数据

城市生活垃圾焚烧飞灰熔融处理技术/王学涛著．
北京：中国建材工业出版社，2024．8．-- ISBN 978-7
-5160-4224-3

Ⅰ．X705

中国国家版本馆 CIP 数据核字第 2024MJ4561 号

城市生活垃圾焚烧飞灰熔融处理技术
CHENGSHI SHENGHUO LAJI FENSHAO FEIHUI RONGRONG CHULI JISHU
王学涛　著

出版发行：中国建材工业出版社
地　　址：北京市西城区白纸坊东街 2 号院 6 号楼
邮　　编：100054
经　　销：全国各地新华书店
印　　刷：北京印刷集团有限责任公司
开　　本：787mm×1092mm　1/16
印　　张：8．5
字　　数：190 千字
版　　次：2024 年 8 月第 1 版
印　　次：2024 年 8 月第 1 次
定　　价：58．00 元

本社网址：www．jccbs．com，微信公众号：zgjcgycbs
请选用正版图书，采购、销售盗版图书属违法行为

本书如有印装质量问题，由我社事业发展中心负责调换，联系电话：（010）63567692

前 言

城市生活垃圾是指在为城市日常生活供应服务及城市日常生活过程中产生的固体废物，还包括法律法规规定的可作为城市生活垃圾的固废。其种类繁多、成分复杂且数量很大，主要是在生产和消费过程中产生的泥状物质和固体，包括从废水或废气内分离的固体颗粒，是环境污染的主要来源之一。大量的城市垃圾废弃物如果不进行及时处理，会对生态环境造成严重污染。目前我国对固废的综合利用率偏低，有必要加强城市生活垃圾的综合利用程度，探索合理科学的技术来进行处理。

本书聚焦城市生活垃圾焚烧处理技术，系统研究焚烧飞灰熔融处理特性及熔融过程中重金属行为特性，具体包括：焚烧飞灰的基本特性、重金属的含量及分布规律探索；分析焚烧飞灰微观形貌、矿物组成和浸出特性；系统研究熔融温度、熔融时间、碱基度、添加剂和气氛对熔融特性及熔融过程中重金属赋存迁移规律的影响，基于重金属元素在熔融过程中挥发特性，建立重金属元素析出模型。本书为煤气化-焚烧飞灰熔融技术的应用推广提供试验依据和理论参考，适用于城市生活垃圾焚烧飞灰熔融处理技术方案的研究者参阅，也能为从事城市生活垃圾处理装备研发、设计、制造的产业工程师提供指导。

全书内容分为6章，第1章为背景部分，主要讲述城市生活垃圾处理技术应用背景及城市生活垃圾焚烧飞灰熔融技术在国内外的应用和研究现状；第2章讲述城市生活垃圾焚烧飞灰基本特性，包括成分、粒径、熔点、形貌、元素组成及浸出特性；第3章、第4章利用相关方法分别陈述焚烧飞灰在管式炉和旋风炉中的熔融特性及重金属赋存迁移规律；第5章进一步研究流化床煤气化-旋风熔融集成处理焚烧飞灰技术；第6章结合试验数据，探索建立焚烧飞灰熔融过程中重金属元素析出模型，为城市生活垃圾焚烧飞灰熔融处理技术的产业化应用提供借鉴。

本书编写得到了龙门实验室前沿探索项目（LMQYTSKT015）的资助，在此表示衷心感谢。

由于作者研究水平和手段所限，书中难免存在疏漏之处，恳请专家、读者批评指正。

著者

2024 年 6 月

目　录

符号说明

A　气相传递的物质；	C_{AS}　固体表面的浓度；
A_p　固体颗粒初始表面积；	C_e　颗粒外边界上的重金属元素蒸气浓度；
b　化学计量系数；	C_i^b　重金属元素 i 在试样熔融体中的浓度；
c　化学计量系数；	C_i^e　重金属元素 i 的表面摩尔浓度；
C　重金属元素蒸气浓度；	d　化学计量系数；
C_{A0}　主气流中 A 的浓度；	D　实扩散系数；
C_{AC}　反应界面上 A 的浓度；	D^*　表观扩散系数；
C_{CC}　反应界面上 C 的浓度；	D_e　有效扩散系数；
D_m　主气流中气相的重金属元素的扩散率；	N_A　传递量；
D_{O_2}　主气流中 O_2 的扩散系数；	N_{CO}　单位面积上碰撞频率；
D_t　二元扩散系数；	N_G　气化速度；
F_p　形状因子；	N_l　试样内的重金属物相的数量；
Gr　Grashof 数；	N_V　单位面积上的挥发速率；
h_D　传质系数；	Nu^*　修正的 Nusselt 数；
H_i^e　气液界面上痕量元素 i 的摩尔分数；	P_{F_P}（X）　转换函数；
H_i^s　熔融体表面的蒸气摩尔分数；	p_{io}　含有重金属元素 i 的矿物质的实际压力；
H_i^*　重金属物相的表面蒸气的平衡摩尔分数；	p_i^*　重金属元素 i 在界面上分压；
k　反应速率常数；	p_i^0　纯液体组分的平衡压力；
K_e　反应平衡常数；	p_i^c　重金属元素 i 的平衡压力；
K_F　Freundlich 等温吸附常数；	p_i^e　试样熔融体表面的平衡压力；
K_b　波尔兹曼常数；	r_0　任何时间外表面的位置；
K　总的速率常数；	$r_{0'}$　初始飞灰颗粒半径；
K_E　元素在熔融体表面的气化速率；	r_c　在任何时刻反应界面处的半径；
K_L　重金属元素从熔融体内扩散到熔融体表面的质量传递速率；	r_i　焚烧飞灰试样熔融体内含物的半径；
K_U　气相的重金属元素通过飞灰熔融体孔隙到外界主气流的输运速率；	r_P　外表面的原始位置；
L　定性尺寸，即球形颗粒的直径，或非球形颗粒的当量直径；	$r_{p'}$　时间 t 时的飞灰试样半径；
m_i　含有重金属 i 的矿物质的分子量；	Re　Reynold 数；
M_A、M_B　分别表示 A、B 的分子量；	S　比表面积；

续表

M_i　元素 i 的摩尔质量；	Sc　Schmidt 数；
n　单位体积中含重金属 i 的矿物质分子总数；	Sh　Sherwood 数；
N　阿佛伽德罗常数；	$S_{s,t}$　试样熔融体总的表面积 m^2；
Sh^*　修正的 Sherwood 数；	θ　试样内重金属物相的体积分数；
t_b　熔融结束时间；	λ　气体的导热系数；
t^*　根据式（6-6）定义的无因次时间；	λ_e　颗粒的有效导热系数；
t^+　根据式（6-16）定义的无因次时间；	ε　收缩无孔颗粒的外表面无因次位置；
T　温度（$=T_s-T_0$）；	ρ　颗粒，包括固体产物和惰性固体的密度；
T_c　反应界面处的温度；	ρ_s　固体反应物的摩尔浓度；
T_0　主流体的温度；	ρ_{fa}　飞灰的密度；
T_S　颗粒的温度；	σ_{AB}　Lennard-Jones 势函数常数；
U　流过颗粒的气流线速度；	σ_S^2　根据式（6-17）定义的收缩核反应模数；
V_c　单个飞灰颗粒总的瞬时气化速率；	φ　无因次浓度，$\varphi=C_{AC}/C_{A0}$；
V_p　固体颗粒初始体积；	ΔX_A　表示浓度差；
V_t　飞灰试样熔融体总的体积；	$(-\Delta H)_B$　固体 B 反应当摩尔热；
V_1^{ni}　单个未反应的重金属物相的气化速率；	Ω_{AB}　碰撞积分；
$W_{i,vap}$　重金属元素 i 从熔融体内矿物相扩散到熔融体表面的输运过程中的摩尔流；	γ_i　无限稀溶液中溶解质 i 的 Raoultian 活性系数；
$x_{O_2}^b$　主气流中 O_2 的摩尔分数；	γ　动力黏度；
X_i　重金属元素的质量百分比；	Z　由单位体积原始固体生成固体产物的体积；
X　固体的部分转化率；	α　再凝结系数

第1章　绪　论

1.1　城市生活垃圾焚烧处理现状

随着城市经济建设的持续发展和人们生活水平的不断提高，每天源源不断地产生大量的城市生活垃圾，已成为一个污染环境、影响生活的社会问题，各地都在积极寻找有效的解决方法。当前，生活垃圾处理的常用方法主要有卫生填埋、焚烧和堆肥3种。垃圾焚烧方法与其他处理方法相比，能更好地达到垃圾处理的减容化、资源化和无害化的治理目标，且具有占地面积小、运行稳定、处理时间短、减量化显著、无害化彻底以及可回收热能等优点，许多国家和地区把建设生活垃圾焚烧发电厂作为城市生活垃圾处理的首选方案。

目前，瑞士、丹麦、日本等很多国家都将焚烧作为城市生活垃圾的主要处理途径。新加坡、瑞士、卢森堡、丹麦、日本、瑞典和比利时等国家的生活垃圾焚烧处理比例约占总处理量50%以上（详见表1-1）。发达国家多年来焚烧处理生活垃圾的实践表明，人类需要更清洁、高效、先进的垃圾处理技术。国家生态环境部数据显示，2019年我国的生活垃圾产生量高达23560.2万吨，截至2023年，生活垃圾产生量迅速上升至28262.5万吨，因此，2～3年后，我国日产垃圾焚烧飞灰量将迅速超过1000万吨。我国从1988年开始采用焚烧技术来处理生活垃圾，起步相对较晚，焚烧处理历史较短，但随着我国城市生活垃圾的产量日益增加，占用耕地极为严重，高效的焚烧工艺发展十分迅速。垃圾发电的热潮正在兴起。到目前为止，已有深圳、上海、珠海、无锡等15个城市的20多座比较规范的垃圾焚烧发电厂建成并投入运行，据统计，目前我国城市生活垃圾焚烧总容量已达14180t·d^{-1}。另外有规划要发展大规模垃圾发电的城市还有数十座之多。城市生活垃圾焚烧后会产生相当于原垃圾质量2%～5%的焚烧飞灰，而焚烧飞灰是国家标准《生活垃圾焚烧污染控制标准》（GB 18485—2014）规定的危险废弃物，在最终处置前必须进行稳定化处理，因此垃圾焚烧飞灰的处理任务日益紧迫。由于重金属是焚烧飞灰中的主要危害物，各种针对飞灰中重金属进行的稳定化技术日益受到重视。

表1-1　发达国家城市生活垃圾焚烧处理比例

国家	垃圾焚烧处理比例（%）	国家	垃圾焚烧处理比例（%）
新加坡	85	比利时	54
瑞士	79	法国	41

续表

国家	垃圾焚烧处理比例（%）	国家	垃圾焚烧处理比例（%）
卢森堡	75	荷兰	35
日本	72	德国	22
丹麦	65	挪威	22
瑞典	59	美国	16

1.2 城市垃圾焚烧飞灰中重金属来源及其危害

焚烧灰渣包括垃圾焚烧炉的炉排下收集的炉渣和烟气除尘器收集下来的飞灰，主要是不可燃的无机物以及部分未燃尽的可燃有机物，是城市垃圾焚烧过程中一种必然的副产物。焚烧灰渣可分为两部分：一部分是飞灰（fly ash），是由除尘器等捕集下来的烟气中的颗粒物质；另一部分是炉渣（slag），是从炉排下收集的焚烧炉渣。根据垃圾组成的不同，灰渣的数量一般为垃圾焚烧前总重量的5%～20%。灰渣特别是飞灰，由于含有一定量的有害物质，特别是重金属，若未经处理直接排放，将会污染土壤和地下水，对环境造成危害。另外，由于灰渣中含有一定数量的铁、铜、锌、铬等重金属物质，有回收利用价值，故又可作为一种资源开发利用。因此，焚烧灰渣既有其污染性，又有其资源特性。焚烧灰渣的处理是垃圾焚烧工艺的一个必不可少的组成部分。

1.2.1 焚烧过程中重金属的生成机理

焚烧垃圾中重金属的行为随化合物种类的变化而改变，重金属随颗粒物的形成并结合外界环境的变化，浓缩于焚烧飞灰颗粒表面。其主要反应途径包括：焚烧垃圾中重金属的蒸发作用、颗粒间的扬析作用、蒸汽冷凝作用、粒状物凝聚作用、蒸汽及粒状物的沉积作用和化学作用等。

图1-1为垃圾焚烧时重金属的矿物作用。重金属以微量矿物质或元素态存在于有机物结构中，当有机物被燃烧时，会造成颗粒附近形成缺氧层，使金属暴露于外界环境中。在废弃物焚烧过程中重金属的行为可归纳为下列4种情况：

① 当焚烧温度足够高时，重金属将直接挥发。挥发出来的重金属与大气中的氧气反应，凝结成新的颗粒（颗粒直径约0.02μm）而附着在其他飞灰颗粒上，进而逐渐形成直径约0.02～1μm的颗粒。

② 可能被熔化并与其他金属颗粒形成液滴，其直径为2～3μm。

③ 若重金属自身具高熔点时，该重金属在焚烧过程中将难以被氧化成稳定的结构。

④ 可能经由反应而形成新物种，然后再熔化、挥发或保持原状。

由挥发—冷凝理论可知，造成金属（包括重金属）分布特性不同的决定性因素为该金属的沸点，因各种金属的沸点不同，致使其可能存在于焚烧飞灰颗粒基体内部或附着在颗粒表面。因此，Klein依据元素在焚烧飞灰中的相对含量，将其划分为以下4类。

① Al、Ba、Be、Ca、Co、Fe、Mg、Mn、Si、Sr、Ti等。这类元素均为高沸点金属，故在焚烧过程中并不易挥发，因此大部分分布于飞灰基体或底灰中，仅少部分附着于焚烧飞灰表面。

② As、Cd、Cu、Ga、Pb、Sb、Zn、Se等。这类元素在焚烧时发生挥发反应，且焚烧烟气冷却时，这类金属及其化合物将冷凝于飞灰颗粒表面，由于这类元素具有较高的挥发性，故此类元素在焚烧后多附着在飞灰表面，而赋存于底灰中的较少。

③ Hg、Cl、Br等。此类元素在整个焚烧过程中皆以气态形式存在，在焚烧过程中也会发生挥发反应，但在冷却段无法冷凝下来。

④ 含有上述两类或两类以上性质的元素。

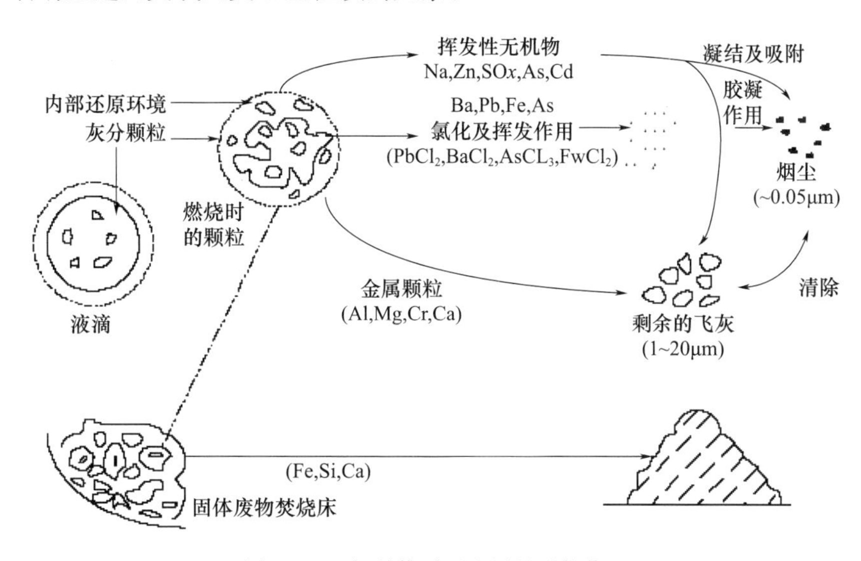

图1-1 垃圾焚烧时重金属的矿物作用

表1-2列出24种金属元素的原子量、熔点、沸点及密度。

表1-2 24种元素的原子量、熔点、沸点及密度

金属元素	原子量	熔点（℃）	沸点（℃）	密度（g/cm³）
Ag	107.87	961.9	2212	10.5
Al	26.982	660.37	2467	2.70
Ba	137.33	725	1640	3.59
Ca	40.078	839	1484	1.53
Cd	112.41	320.9	765	8.65
Co	58.933	1495	2870	8.81
Cr	51.996	1857	2672	7.19
Cu	63.546	1083	2567	8.93
Fe	55.845	1535	2750	7.87
Hg	200.59	−38.84	356.6	14.3
K	39.098	63.65	774	0.862

续表

金属元素	原子量	熔点（℃）	沸点（℃）	密度
Mg	24.305	648.8	1090	1.738
Mn	54.938	1244	1962	7.47
Mo	95.94	2617	4612	10.2
Na	22.990	97.81	882.9	0.966
Ni	58.693	1453	2732	8.91
Pb	207.2	327.5	1740	11.3
Sb	121.76	630.7	1750	6.69
Se	78.96	217	684.9	4.81
Si	28.086	1410	2355	2.33
Sr	87.62	769	1384	2.58
Ti	47.88	1660	3287	4.51
V	50.942	1890	3380	6.09
Zn	65.39	419.6	907	7.13

Lee 发现在熔融过程中吸附剂对金属的捕集有 3 种不同的途径：第一种是用熔融的含有灰的金属捕集，在熔融过程中一些金属不易挥发，被吸附剂捕集在灰中或沉积下来，这种吸收机理受操作温度影响；第二种途径为挥发捕集，当金属被加热时，挥发性金属以气相存在，一部分形成颗粒，另一部分被吸附剂捕集；第三种就是颗粒捕集，通过成核作用大多数金属颗粒在吸附剂表面凝结、沉积，这种途径在吸附剂表面呈黏性时尤为明显，如玻璃质表面或吸附剂外表面被裹了一层黏性物质时。

在焚烧飞灰中重金属 Ca 的平均含量最高为 $235mg \cdot g^{-1}$。由于在焚烧过程中加入大量 $Ca(OH)_2$用以处理烟气中的酸性气体，所以大大提高了飞灰反应物中钙的含量。其次是 Na，再次是 Si、Al。这 4 种金属元素是焚烧飞灰中的主要元素。次要元素为：Fe、K、Zn、Mg、Ti、Pb、Mn，其平均含量范围约在 $1 \sim 16mg \cdot g^{-1}$左右，其他微量元素平均含量约在 $1mg \cdot g^{-1}$以下，其含量由高到低依次为：Cu、Ba、Cr、Sb、Ni、Cd、V、As、Mo、Ag、Co、Se、Hg 等。

1.2.2 城市垃圾焚烧飞灰中重金属的来源

本研究主要采用熔融方法来处理城市垃圾焚烧飞灰，其熔融前后试样中重金属组成及含量与进料物质组分密切相关，因此有必要对焚烧飞灰中重金属组成及来源进行探讨。

焚烧飞灰是指由烟气净化系统中所收集的细微颗粒，一般是由旋风除尘器、静电除尘器或布袋除尘器所收集的中和反应物，如 $CaCl_2$、$CaSO_4$或 CaF_2等，以及未完全反应的碱性物质如 $Ca(OH)_2$。主要含有炭粒与重金属成分，其产生来源是由于有机碳燃烧后，一些无机成分在高温下相互结合，部分则因高温融化相互黏结，因而产生粒径大小不同的颗粒状物质，在受到炉体内部气流扰动因素的影响，质轻的微粒则会随废气而被带出成为部分飞灰，由于在收集飞灰过程中喷入大量消石灰与活性炭，因此，飞灰成分中也存在大量氯盐反应物，如 $CaCl_2$、$CaSO_4$ 等，以及与钙系未反应物，如 $Ca(OH)_2$。

环境中重金属污染物主要来自矿山开采、金属冶炼、金属化合物的制造、重油燃烧、肥料、农药、煤及垃圾焚烧等多方面。其中燃煤与垃圾焚烧是两大主要来源，而垃圾焚烧重金属排放量比煤燃烧高得多。在我国由于城市垃圾并未经过妥善的分拣处理，因而常混入许多含有害重金属物质的垃圾。含有重金属的物质进入垃圾焚烧炉焚烧处理后，常会浓缩在底灰及飞灰中，或随焚烧烟气排放至大气中，将对人体健康及环境生态造成严重危害。城市生活垃圾中重金属可能来源，参照相关文献经归纳整理列于表 1-3。

表 1-3 垃圾中重金属可能的来源

重金属	主要来源
铅（Pb）	汽车添加剂、橡胶、报纸、织物、木块、塑料、焊接剂、电池、涂料、农药等
镉（Cd）	低熔合金、黄铜合金、玩具、电子产品、镍镉电池、墨汁、油漆、涂料、电镀制品、塑料（PVC稳定剂）、颜料等
汞（Hg）	电器（荧光灯）、汞合金、电池、农药、温度计、涂料等
铬（Cr）	金属合金（防腐剂）、设备的保护层、油漆、釉料、颜料、化学药品、皮革、鞋跟等
铜（Cu）	人造丝、电镀产品、油漆、涂料、纸张、织物、塑料、铜线制造厂、电子材料、玻璃、陶瓷制品等
锌（Zn）	干电池、金属表面处理、镀锌、橡胶制品、涂料、木材、防腐剂、橡胶等
砷（As）	金属合金添加剂，尤其是对铅及铜的添加，作为电池极板、染料、皮革、医学用品、杀虫剂等

1.2.3 重金属的危害性

焚烧飞灰是伴随着垃圾焚烧技术的推广而日益增多的，若处置不当，任意填埋或堆放，大量的重金属元素在自然界的风化作用下到处流失，极易接触到土壤，而这些有毒性重金属一旦进入土壤，会被土壤所吸附，对土壤造成污染。其中的毒性重金属会杀死土壤中的微生物和原生动物，破坏土壤中的微生态，反过来又会降低土壤对污染物的降解能力；其中的酸、碱和盐类等物质会改变土壤的性质和结构，导致土质酸化、碱化、硬化，影响植物根系的发育和生长，破坏生态环境；同时许多有毒的有机物和重金属会在土壤、植物体内累积，使农作物受到污染，由于生物累积作用，通过食物链进入人畜体内，会最终在人体内积聚，对肝脏和神经系统造成严重危害，诱发癌症和使胎儿畸形。

在焚烧灰渣中，金属成分是使其成为有害废弃物的无机物质，一般将密度大于 $4.5g/cm^3$ 的金属称之为重金属，而金属元素也可分成下列两类：①具有毒性，且对生物体毫无帮助的，如 Pb、Cd 及 Hg。②对于生物体生长有助益，但若摄取过量，则可能会对生物体有不良影响的，如 Ca、Cr、Cu、Mg、Ni 及 Zn。在大气环境中的重金属可经由食物、呼吸或其他途径进入人体中，由于重金属中的 d 电子会和人体各部位产生反应，对人体而言，d 电子触媒作用和强烈反应性是造成重金属累积、提高毒性及致癌性的主要原因。

由于重金属污染的特点在于其存在形态的多变性，且毒性随存在形态不同而有所差异，使得大多数重金属的传播途径相当复杂，且具有难分解性与累积性，因此极受人类的重视。重金属可直接导致或由生物链累积对人类健康造成危害，且其危害性均具有特定的目标脏器，如神经系统、生殖系统、免疫系统及肝、肾等器官，当超过临界浓度时，即会使人体产生症状和病变。含有高危害性的物质经人类长期使用后，可能会造成垃圾中的含量提高，经焚烧处理后则会浓缩于焚烧飞灰颗粒中。若这些焚烧飞灰颗粒通过焚烧厂烟气净化系统逸散到大气中，或经由灰渣溶出进而污染土壤与水源，将会对环境造成很大的威胁。一般常在焚烧过程中出现的重金属大致上为 As、Cd、Cu、Cr、Pb、Hg、Zn 等，各类重金属对人体健康的危害性，如表 1-4 所示。

表 1-4　金属元素对人体健康的危害性

金属元素	对人体的毒害性
Ag	长期吸入或食入会产生“银质沉着症”(argyria)，会引起人体组织及皮肤颜色改变
Hg	汞蒸气有剧毒，吸入人体内易引起急性中毒；汞与硫的亲和力很强，如果摄入人类体内，将随着血液流通循环到整个机体，且与体细胞中具有-SH 基的各种酶和细胞蛋白结合，破坏这些物质的功能。急性中毒的主要症状为：化学性肺炎，但有时也会出现急性腹泻、肾功能障碍。氯化汞易溶于水，有剧毒，将导致中枢神经疾病，如水俣病
As	累积性的砷具有致癌性，会刺激皮肤，造成支气管炎；进入人体后，易与维持细胞膜酵素等生活机能的物质结合，降低其正常代谢功能而引起中毒，亦会造成肝硬化、门脉硬化、肝癌及肝血管癌；As 亦为著名的乌脚病的祸首
Pb	对脑和肾造成损害，常见为铅中毒，刺激中枢神经，导致智力减退、痴呆、失明等
Cd	累积性的镉引起高血压，肺气肿，肾受损及新陈代谢发生障碍，影响生殖
Co	具致癌性；可能为过敏型接触性皮肤炎的过敏物质
Cr	具致癌性，易造成肝脏受损，鼻黏膜发炎，鼻中隔穿孔及气喘。轻者引起皮肤溃烂、身体浮肿；若过量摄入，将引起腹痛、尿毒症，甚至死亡
Cu	铜虽为非累积性毒物，但对水生动植物的毒性影响大。若人体长期摄入铜将造成肝中毒、刺激消化系统、腹痛等
Zn	氯化锌被 USEPA（注：美国国家环境保护局）列为优先控制的污染物，人体内含锌过高会引起疲劳、黏膜刺激、刺激消化系统及关节炎等。若摄入过量，会引起发育不良、新陈代谢失调及腹泻
Be	铍的化合物一般都具有毒性，在高浓度下还有致死性。若长期暴露在含铍的微粒下，将导致如皮肤炎、结膜炎、慢性及急性肺癌等
V	会造成上呼吸道刺激、慢性支气管炎，具有致癌性，导致心脏血管疾病

续表

金属元素	对人体的毒害性
Mn	具有致癌性及急毒性，其熏烟会导致皮肤及呼吸器官发生病变
Ni	具有致癌性，可能为过敏型接触性皮肤炎的过敏物质，引起呼吸器官疾病
Al	暴露于结晶硅中，易造成硅肺病（slicosis），容易造成咳嗽、气喘及肺部间质纤维化
K	过量暴露可能会造成呕吐及腹泻，致人懒散、肌肉痉挛、低血压及心律不齐
Ba	易引起心脏及肾脏疾病
Fe	易造成铁中毒及尘肺症

1.3 城市生活垃圾焚烧飞灰稳定化处理方法概述

城市生活垃圾处理在当代已成为全球关注的一大问题。由于焚烧技术在减量化与资源化方面比填埋和堆肥技术更具有独特优势，使得垃圾焚烧处理率近年来一直呈上升趋势。然而焚烧处理过程中产生的无机灰渣以及飞灰却带来新的环境问题。这些灰渣（尤其是飞灰）中含有一定量的重金属和二噁英等污染成分，如果不加以妥善处理，会对人类生存环境造成比垃圾本身更为严重的二次污染。

飞灰给环境带来的污染主要有重金属污染、二噁英污染和溶解盐污染。根据我国危险废物浸出毒性鉴别的相关标准，当飞灰中 Pb 和 Hg 的浸出质量浓度超过最高允许值时，属危险废物。飞灰中的主要重金属污染元素为 Pb、Cd、Hg 和 Zn，而其他重金属因最大可浸出量较小，环境污染风险不大。飞灰中的溶解盐质量分数高达 22.1%，主要为氯化物。它的存在会妨碍飞灰的固化和稳定化，并使其他污染物的溶解性增大。飞灰中含有的二噁英和呋喃等剧毒有机污染物，会对环境和人类健康产生危害，所以必须对飞灰进行特殊处理，防止其污染环境。

焚烧飞灰比底渣含有更多的汞、铅、镉等多种易挥发性重金属以及二噁英等毒性有机成分。垃圾中有 72%的 Zn、24%的 Cr、46%的 Cd、30%的 Ni、36%的 Cu、86%的 Pb 转移到飞灰中，而且垃圾飞灰中的二噁英占总排放量的 90%以上。重金属具有高浸出特性，填埋处理后会给地下水造成二次污染。我国城市固体废物管理法规规定城市垃圾焚烧飞灰为危险废物，必须特殊处理。随着人们生活水平的提高，生活垃圾产量日益增加，垃圾焚烧处理技术正逐渐得到推广，焚烧飞灰的稳定化处理已迫在眉睫。

焚烧飞灰稳定化处理的目的，是将飞灰的性质稳定下来，以达到安全化、减量化、资源化。由于飞灰中含有重金属，为避免填埋时重金属渗出，必须经过特殊处理，一般可进行稳定化或固定化处理。焚烧飞灰稳定化技术是国际上处理有毒有害废物的主要方法之一。目前，焚烧飞灰稳定化处理的方法主要有水泥固化法、化学药剂处理法、沥青固化法、烧结固化法和熔融处理法等。经过固化的飞灰，若满足浸出毒性标准，可以按普通废物填埋处理。

1.3.1 水泥固化法

水泥是一种最常见的危险废物稳定剂。该方法是将水泥和焚烧飞灰用水混合均匀，水泥加入量约为飞灰质量的10%～20%，由于发生了水合反应，使重金属等有害成分封闭在硬化的氢氧化物中，同时重金属与Ca、Al进行置换反应形成固溶体，使重金属固定在稳定的矿物结构当中，从而降低其比表面积和可渗透性。这些对防止重金属溶出具有很好的效果，可达到稳定性、无害性的目的。水泥固化是一种比较成熟的危险废物处置技术，在经济性及可操作性等方面具有明显的优势，尤其对于含有低熔点化合物的熔渣更为有效，因此在大多数国家得到了广泛的应用。然而，更为重要的是，垃圾焚烧最根本的目的即减少其容积，以便进行填埋。而水泥固化技术由于水泥固化剂的加入恰恰增加了废物最终处理量，使得填埋厂的负荷日益加重；尽管水泥固化处理飞灰具有工艺成熟、操作简单、处理成本低等优点，但由于垃圾焚烧飞灰中含有较高的氯离子，采用水泥固化法处理必须进行前处理，以减少氯离子对固化后砌块的机械性能及后期重金属离子浸出的影响等问题，因为在碳酸化（酸化）的作用下，固化体中的重金属及无机盐大部分随着时间的推移将被雨水逐渐溶出，另外对于难以利用氢氧化物的难溶特性处理的汞、铅以及需要还原处理的Cr^{6+}等无法实现稳定化处理，对环境存在着长期的、潜在的威胁；考虑到这些问题，飞灰处置场建设和运行的标准将大大提高，运行成本增加，即限制了该方法的长期应用。

1.3.2 沥青固化法

沥青固化法是利用沥青具有良好的黏结性和化学稳定性，同时借助沥青的不透水性，将飞灰表面包覆固定，以防止有害物质溶出，而其中并不涉及化学变化。在处理过程中，必须将飞灰的粒径大小及水分加以适当调整，同时尽量去除杂质，以便使沥青的包覆层能完全覆盖处理物。

1.3.3 化学药剂处理法

药剂稳定化是利用化学药剂通过化学反应使有毒有害物质转变为低溶解性、低迁移性及低毒性物质的过程。目前发展较快的是螯合型有机重金属稳定药剂，对包括垃圾焚烧飞灰在内的多种重金属污染物的稳定化处理效果已经得到实验证实。常用的稳定剂有Na_2S、$Al_2(SO_4)_3$等无机物和水溶性螯合高分子，这些药剂无论是单独或混合作用，一般而言都可以得到较好的效果。张瑞娜等对同种飞灰的重金属螯合剂、磷酸盐和铁酸盐3种不同方法的处理效果进行研究发现，重金属螯合处理后的飞灰有很强的抗酸、碱性冲击的能力。磷酸盐处理后的飞灰重金属的浸出率很小，尤其是Pb，在pH值在4～13的范围内Pb的浸出量都很小。铁酸盐处理后的飞灰pH值在5～12的范围内，均具有很好的抗浸出能力。Zhao等利用氢氧化钠、硫化钠、有机沉淀剂硫脲和EDTA（乙二胺四乙酸，一种强有机酸）对杭州焚烧炉的飞灰进行了稳定化试验，浸出结果表明：对两性重金属（如Pb）而言，氢氧化钠不是理想的稳定剂。后三者的稳定化效果较好，但是硫化钠的化学性质不稳定，而硫脲和EDTA的成本相当高，因此很难应用于工程实践。化学药剂处理法具有处理过程简单、设备投资费用低、最终处理量少等优点。但化学药剂处理法的高分子螯合剂价格很高，且遇水会溶出大部分盐类，在pH值较低时还会产生有害气体，同时会产生高浓度无机盐的废水，需要进一步处理。

由于飞灰组分及重金属存在形态的复杂性，以及对其反应机理缺乏最起码的认识，因此很难找到一种针对稳定焚烧飞灰、普遍适用、价格低廉的化学稳定剂，这也是该技术没能进入规模化应用的原因之一。

1.3.4 烧结处理法

烧结法是利用烧结体颗粒间表面能量的不同，使烧结过程颗粒中的原子向颗粒间接触点移动、聚集，以降低能量，因而使颗粒间的颈部熔化，颗粒之间产生碰撞，同时颈部快速成长，并产生致密化现象，形成具有一定强度的稳定烧结体。将待处理的危险废物与细小的玻璃质混合，经混合造粒成型后，在1000～1100℃温度下形成玻璃固化体，借助玻璃体的致密结晶结构，确保固化体的永久稳定。由于烧结处理技术具有重金属稳定化处理效果，因此可由此改变重金属溶出情况，达到环保法规的要求。Chan研究了铝粉在氮气气氛下烧结后烧结体的性质，结果发现当成形压力愈大时，烧结体的孔隙率就愈小，即试样致密化程度愈高，烧结体的机械性质也愈佳。王鲲生针对城市垃圾焚烧飞灰的烧结处理特性，探讨了不同烧结条件对焚烧飞灰烧结体特性的影响。研究结果显示，当成形压力愈大，则成形烧结体的抗压强度愈大。Skrifvars针对煤灰烧结特性的研究中指出，黏滞流烧结主要发生在灰中Si含量高时。在SiO_2-K_2O-Al_2O_3三相系统中，当温度达985℃时，50%会形成液相，其成分中SiO_2占79.7%，Al_2O_3占11.1%，K_2O占9.2%，当温度冷却至室温后会产生大量非结晶玻璃相，因此飞灰在高温环境下烧结，以黏滞流烧结为物质主要传输机理。

1.3.5 熔融处理法

熔融固化是在高温（1300℃以上）状况下，飞灰中有机物发生热分解、燃烧及气化，而无机物则熔融形成玻璃质熔渣。经过熔融处理，飞灰中的二噁英等有机污染物受热分解破坏（图1-2）。飞灰中所含的沸点较低的重金属盐类，少部分发生气化现象，大部分则转移到玻璃态熔渣中，有效地固溶飞灰中的重金属，大大降低了浸出可能性。熔融处理的目的是飞灰的减量化，通过熔融反应使飞灰达到玻璃化、无害化的效果，并使重金属固溶于其中而不易溶出，熔融后的熔渣可再次得到资源化利用。焚烧飞灰经过熔融后，密度大大增加，减容可达2/3以上，并且可以回收灰渣中的金属，而且稳定的熔渣可作为路基材料，达到有效利用的目的。经过固化的飞灰，如满足浸出毒性标准，可以按普通废物填埋处理。

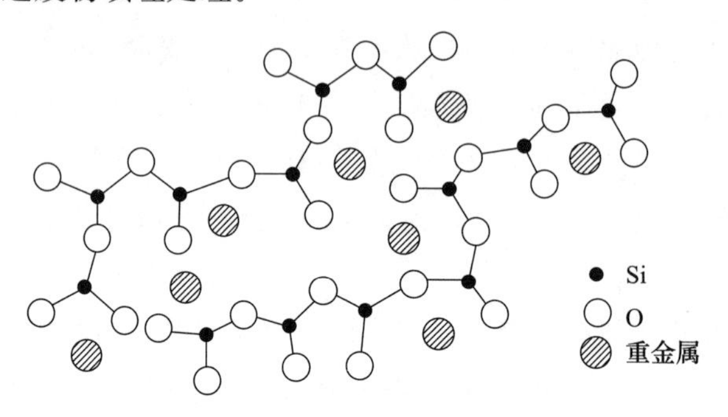

图 1-2　熔融处理形成的 Si-O 网状结构

1.3.6　几种固化技术的评价与比较

使用水泥固化与沥青固化处理时，所需材料费和运行费用较低，操作简单；但废物中若含有特殊的盐类，会造成固化破裂，有机物的分解易造成裂缝，增加渗透性，降低结构强度，而且氯含量的增加会促使重金属渗出。利用化学药剂稳定焚烧飞灰中重金属所面临的主要障碍是制备方法简单、价格便宜的化学药剂难以获得，化学药剂处理后的飞灰在环境中的长期稳定性尚不明确，且化学药剂费用高，对二噁英和溶解盐的稳定作用较小。而熔融处理在以上几种方法中是最好的，它虽然所需能源和费用较高，但相对于其他处理技术，其最大优势是可以得到高质量的建筑材料，同时它还有较好的减重和减容的效果及熔渣性质稳定、无重金属溶出的优点。因此，熔融固化将成为飞灰处理的最有发展前景的方法。

1.4　城市生活垃圾焚烧飞灰熔融处理技术进展

将垃圾焚烧飞灰在高温下熔融是到目前为止最为彻底有效的焚烧飞灰稳定化方法，熔融操作过程有两种模式：分离/回收（separation and recycle）模式和稳定/固化（stabilization and solidification）模式。分离和回收模式实际上是一个熔化过程，这一过程目的是使重金属挥发，然后冷却在静电或布袋除尘器中收集并回收利用；或采用重力分离，即依靠灰中各元素熔化液体的重力不同而在熔融炉中分层，重金属在下部，轻的渣在上部，使重金属得以回收。在稳定和固化模式中，玻璃化是主要的过程。不易挥发的重金属进入玻璃结构的网格中，不易浸出。因为焚烧飞灰本身熔点很高，这一过程的主要目标是降低熔点、促进熔融，节约能耗并最大程度地稳定重金属，因此常常需要助熔剂（玻璃料）来促进熔融。此外，熔融过程中烟尘的产生和重金属的挥发使系统必须配备烟气净化和烟尘收集装置，使运行费用增加。影响烟尘产生和重金属挥发的因素有飞灰颗粒分布特征、飞灰成分特征（氯的含量、重金属存在形式等）、加热炉形式、加热的速率、熔融温度和熔融时间、氧化还原气氛等。未经处理的飞灰氯含量较高，以氯化物存在的重金属容易挥发。如采用某种预处理方式将氯离子及其他可溶性除去而使重金属仍固留于飞灰中，则有望减少熔融过程中烟尘的产生和重金属的挥发，同时也有望增强对重金属浸出的预防。

焚烧飞灰熔融处理后的熔渣因其结构较为松散，磨损率偏高，仅适合作为路基底层、基层的回填材料或红砖、透水砖等拌和材料，其长期的稳定性仍不足。而熔融法所形成的熔渣具高度的化学稳定性，又因焚烧灰渣的主要成分为 SiO_2、CaO 及 Al_2O_3 等，与陶瓷材料的基本组成相近，故可通过各种操作参数的适当控制或再结晶技术，制成各种资源化材质，如玻璃陶瓷、瓷砖、地砖及各种防火建材等。

1.4.1 焚烧飞灰熔融处理国内外研究进展

具有高沸点的重金属在焚烧过程中易均匀凝结，从而形成飞灰的核心，而高温下易挥发的重金属会随着温度下降凝结在飞灰的表面，飞灰中重金属随飞灰的粒径减小而增加。飞灰中重金属浸出毒性与飞灰的粒径、表面积、pH 值有关，主要依赖飞灰中重金属存在的形态。$Ca(OH)_2$ 对 Cd、Zn、Cr 的溶出有较强的抑制作用，但对 Pb 具有促溶作用。

国内外针对焚烧飞灰熔融的处理技术尚属起步探索阶段，而且相关研究仍多集中在焚烧飞灰的资源化利用方面。Chirs 研究认为：1000℃条件下加入 $CaC1_2$ 热处理飞灰3h 以上，可以降低飞灰中的重金属含量，使其转化为可挥发的重金属化合物，从而降低了飞灰中重金属含量，并使飞灰中重金属的溶出率降低；然而 Al 和 Cr 加热处理后，Al 的浸出反而增加，主要因为加热处理飞灰后，Al 的形态由 Al-硅酸盐态转变为可溶性的 Al-Fe 氧化物，Cr 的情况也是如此。Chan 研究表明，焚烧飞灰在 1050℃温度条件下处理 180min，Pb 与 Cd 的浸出率可达 90%，Cu 亦在 70%以上，仅 Zn 较差为 40%；若在焚烧飞灰中添加 $CaCl_2$ 氯化剂后，Zn 浸出率达到 90%，同时指出：焚烧飞灰中加入 $CaCl_2$、$MgCl_2$、$FeCl_2$ 等氯化剂比 NaCl、$AlCl_3$ 的处理效果好。Nishida 等针对焚烧飞灰进行测试，将焚烧灰渣熔融后再结晶，其性质相当稳定，对二噁英的脱除率达 99.9%，重金属的溶出率也均合乎规范，且焚烧灰渣粉碎后可作为水泥、沥青的混合材料，或制成透水砖，具有相当好的实用价值。Park Young Jun 针对韩国城市垃圾焚烧飞灰进行研究，由于垃圾中氯盐含量较高，故不宜采用烧结或化学处理技术，而改用熔融玻璃化的处理方式，并评估焚烧飞灰熔渣的重金属溶出特性。该实验研究中最佳条件为：在飞灰中添加 5%的 SiO_2 的工况，在 1500℃中停留 30min 可使飞灰达到玻璃化处理的效果，飞灰玻璃溶渣的硬度达到 4000～5000MPa，键结强度为 60～90MPa，而其重金属的溶出量则为：Cd^{2+} ＜0.04mg/kg、Cr^{3+} ＜0.02mg/kg、Ca^{2+} ＜0.04mg/kg、Pb^{2+} ＜0.2mg/kg，结果表明熔融玻璃化技术可有效稳定地处理具有毒性的焚烧飞灰。Jakob 在研究焚烧飞灰蒸发特性时指出，若将城市垃圾焚烧飞灰加热至 1000～1100℃时，Zn、Pb、Cd、Cu 均大量蒸发，无论是在空气或氩气气氛下，Pb、Cd、Cu 的蒸发量可达到98%～100%。Pelino用熔融玻璃化技术来处理碳钢厂及不锈钢厂产生的飞灰，并以碎玻璃、砂石作为助熔剂，其添加比例为25%、40%、50%，在1500℃条件下停留120min，同时通入氧化或还原性气体，研究结果表明：处理后的玻璃态熔渣可通过TCLP试验，氧化或还原性气体对TCLP试验结果并无较大影响，且Si/O<0.33时，熔渣中无法形成Si-O-Si的网状键接结构。

Jakob利用人工合成飞灰对重金属热处理行为进行了探讨，发现氯盐对重金属蒸发率有严重影响。飞灰基体以Al_2O_3、CaO、Ca（OH）$_2$、SiO_2模拟而成，重金属则是以氧化物及氯化物模拟，并添加不同比例的NaCl作为探讨氯化物影响的重点，热处理温度范围为670～1000℃，实验结果显示，模拟飞灰的重金属蒸发率可满足一阶动力方程，并指出氯化物对重金属蒸发有显著的影响，氯化物含量愈高，重金属蒸发率就愈高，这是由于重金属蒸发与氧/氯平衡有关，而抑制蒸发的原因则与硅/铝化合物的反应有关，由Arrhenius equation求其活化能及反应速率常数可知，Cd的反应速率最高，Zn的反应速率最低。Stucki以$ZnCl_2$、SiO_2及Al_2O_3模拟焚烧飞灰，并针对$ZnCl_2$研究在热处理时的蒸发影响，其研究结果显示当$ZnCl_2$的浓度较低且操作温度较低时，ZnO为优势产物稳定在熔渣中，而高浓度的$ZnCl_2$存在时，Zn的反应则是以蒸发为主，故主要影响重金属蒸发的机理为重金属是否与Al-Na-Si键结形成稳定的化合物有关。Chris以Al_2O_3、CaO、$CaCl_2$模拟焚烧飞灰，在1000℃下经3h的热处理后，发现试样中重金属溶出量显著减少，但Al、Cr则例外。发现再经逐次萃取后熔渣中可溶出的Al为Fe-Mn氧化态，而不可溶出的则为Si的结晶体。由XRD可分析得知，热处理后产物中形成两种新晶体，分别为Ca（AlO_2）$_2$和$12CaO \cdot 7Al_2O_3$，表明Al、Si在热处理过程中与Ca形成化合物。

Kirk探讨飞灰中Cr在热处理过程中的反应，在5g飞灰中加入1g的$LiBO_2$，经过加热熔融处理后，产生不同种类的Cr的化合物，包括$CaCrO_4$、Cr_2O_3。Ecke以逐步萃取法探讨底灰中重金属的迁移行为特性，结果显示经熔融玻璃化处理后，Cr、Cu、Zn、Pb、Ca的迁移性均降低（存于稳定相中的比例增加），Cd、Al、Fe、Ni则未受影响，但约有75%的Pb和50%的Zn蒸发至气相中。Yoshiie以RDF灰、SD（car shredder dust）灰为研究对象，主要探讨了灰渣熔融过程中氧化及还原条件下重金属的蒸发情况，其操作温度为800～1500℃，停留时间设定为10min，因停留10min已足够将固相金属转化为蒸气相，其结果表明当温度超过1300℃时，Cu、Zn、Pb赋存在熔融灰渣中的重金属含量趋于稳定，Zn、Cd在温度大于1000℃已完全蒸发，而Pb、Zn在还原条件下较氧化条件下更容易蒸发。Masaki Takaoka在小型批量实验台上研究了污水污泥焚烧灰渣熔融过程重金属和磷的迁移特性，发现CaO可有效地抑制易挥发性金属在飞灰熔融过程中的挥发，并将其固溶在试样的熔渣中。同时发现各种重金属的迁移特性相差很大，熔渣中Cd、Zn、Pb、Cu元素的残留率与气氛无关，但随飞灰中碱性氧化物含量的增加而增加，当碱性氧化物含量足够高时，这几种重金属几乎不挥发；但Ni、Cr、As的残留率受气氛影响显著，而且与碱性氧化物含量的关系不是很明朗。飞灰中的磷以 $Ca_3(PO_4)_2$ 的形式固定在熔渣中；实验结果同时表明，低沸点的Cd、Pb、As易转移到熔融装置的飞灰中。Stuckis利用热重分析与X射线衍射研究熔融过程飞灰中 $ZnCl_2$ 的挥发，认为Zn的挥发在于以下两个竞争反应：

$$ZnCl_2 + H_2O \rightarrow ZnO + 2HCl$$

$$2ZnO + SiO_2 \rightarrow Zn_2SiO_4$$

第一个水解反应属非均相反应，主要取决于ZnO和 H_2O 的分压力；第二个反应为均相反应，取决于有效接触面积和扩散。金属氯化态的蒸汽压都高于氧化态，当垃圾内无机氯或有机氯含量较多时，燃烧过程就有氯的存在，一定条件下与重金属反应产生颗粒小、沸点低的氯化物而加剧了重金属的挥发，使其由底灰向飞灰或由飞灰向烟气的迁移增加。Kuen-Shong Wang等研究了有机氯及无机氯对重金属分布的影响，结果表明，无论有机氯还是无机氯，都将增加重金属的挥发，对于挥发性强的重金属Cd、Pb，有机氯的影响大于无机氯。Masahide Nishigaki研究了熔融方式对飞灰成分的影响。在处理量为 $5t \cdot d^{-1}$ 的表面熔融炉和等离子熔融炉上，对煤与垃圾混合焚烧炉产生的灰渣进行熔融实验，发现熔渣中主要成分为 SiO_2、Al_2O_3 和CaO。由于表面熔融炉在氧化性气氛运行，而等离子体熔融炉操作条件为还原性气氛，因此等离子熔融炉中的大部分 Fe_2O_3 被还原为单质铁，熔渣中 Fe_2O_3 含量明显降低。

同济大学的岳鹏等对城市生活垃圾焚烧灰渣胶凝活性进行了初步研究；中科院广州能源研究所的阎常峰等对城市垃圾焚烧灰渣成分、灰熔点进行研究，系统分析了焚烧垃圾灰熔融特性与其成分的关系；他们还对垃圾焚烧灰渣中硫、氯、氟及磷的沉积分布规律进行了研究；昆明理工大学的王华等研究了垃圾气化熔融技术；浙江大学的严建华等对两种不同的垃圾焚烧炉型产生的飞灰的重金属含量、浸出特性和蒸发特性进行了研究；李润东等对城市垃圾焚烧飞灰熔融DSC-DTA进行了实验研究，并对焚烧飞灰中重金属和二噁英等痕量污染物进行分析；袁玲等研究了焚烧灰中重金属溶出行为及水泥固化机理。万晓等以华东某城市为案例，研究我国城市生活垃圾焚烧飞灰中重金属污染物的分布和性质；陈德珍采用绿矾稳定处理垃圾焚烧灰渣中的重金属，将绿矾溶液与灰渣混合然后实施氧化过程，以Pb、Hg、Cd、As和Cd为代表，着重研究了各类重金属同时稳定化的反应条件；何品晶等针对上海浦东垃圾焚烧发电厂飞灰的性质进行了研究。以前的研究中针对不同类型的焚烧飞灰动态连续熔融处理技术进行研究较少，对焚烧飞灰试样在熔融过程中的重金属等污染物行为特性的研究鲜见报道，对焚烧飞灰熔融特性、矿物特性和不同形态的重金属稳定化、无害化处理的研究还不够完善。

1.4.2 焚烧飞灰熔融炉的研究现状

熔融处理焚烧灰渣（尤其是飞灰）是灰渣减容化、无害化和资源化的一项新型处理技术。灰渣熔融炉根据热源种类大致可分为：利用燃料燃烧热的燃料熔融炉和利用电热的电热熔融炉。一般来说，用生活垃圾进行焚烧发电的垃圾焚烧厂所产生的焚烧灰渣，常常用电热熔融炉进行熔融固化处理，而不发电的垃圾焚烧厂所产生的焚烧灰渣则通常用燃料熔融炉进行熔融固化处理。燃料熔融炉又分表面式熔融炉、内部熔融炉、旋涡熔融炉、焦炭床熔融炉等，电热熔融炉又分电弧式熔融炉、等离子熔融炉、矿热熔融炉、感应熔融炉等。焚烧灰渣熔融炉的分类如图 1-3 所示。

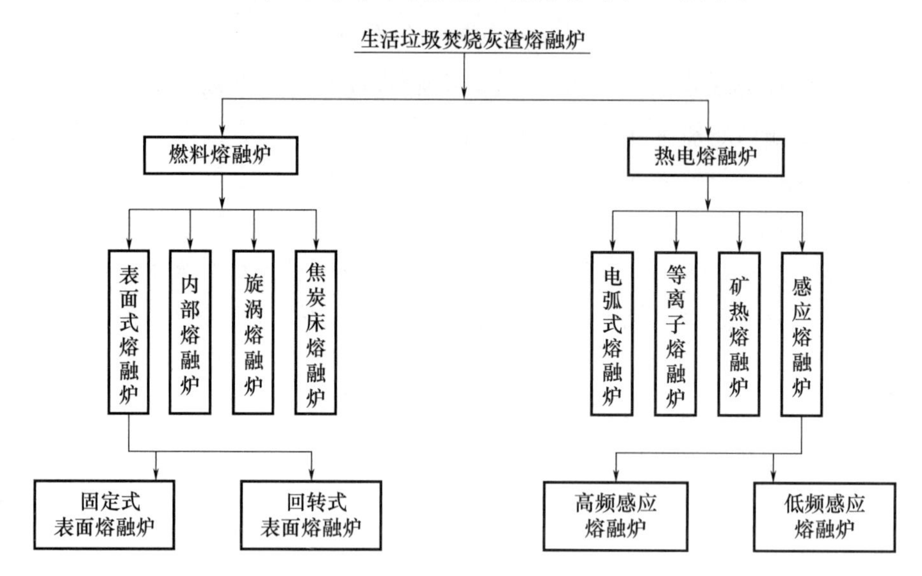

图 1-3 生活垃圾焚烧灰渣熔融炉分类

1.4.2.1 表面式熔融炉

表面式熔融炉的系统图见图 1-4。表面式熔融炉是燃料式熔融炉中最典型的一种，以重油和燃气为燃料通过炉内燃烧器使炉内温度加热至 1500℃，此时焚烧飞灰表面开始发生熔融反应，通过燃料的热量将灰体表面逐渐融化，并从排渣口流出。该熔融炉主要由飞灰进料装置、燃烧室、喷燃器组成。按这种方式熔融的产物很难直接接触到炉体，因为焚烧灰渣本身可以像绝缘体那样保护炉体。这类熔融炉会产生相当大的排烟，适合处理量相对小的情况。

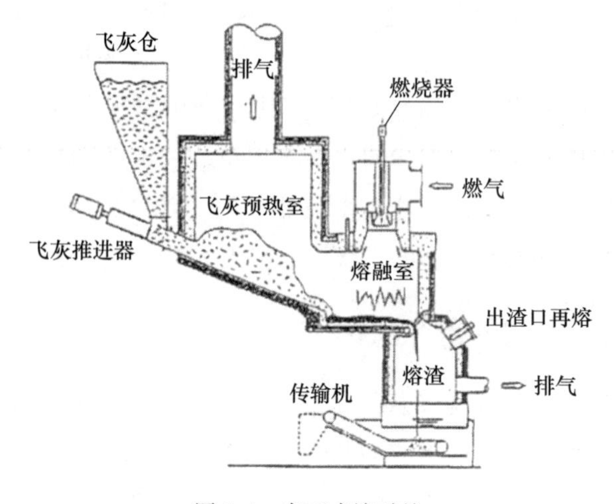

图 1-4 表面式熔融炉

1.4.2.2 内部熔融炉

内部熔融炉主要是以飞灰中残留碳产生的燃烧热作为处理焚烧灰渣的热源，如图1-5所示。熔融处理过程主要分为：进料段、燃烧段、熔融段和排渣段。该类熔融炉与垃圾焚烧炉相连，焚烧炉排出的高温灰渣（约含残碳10%～15%）进入熔融炉中，并由炉床喷嘴喷入500℃的预热空气，使未燃烧的残炭燃烧，燃烧段温度维持在800～900℃，熔融段温度维持在1300℃左右。此类熔融炉对二噁英的破坏去除率很高，高达99.8%以上，熔融后的炉渣可全部回收利用。

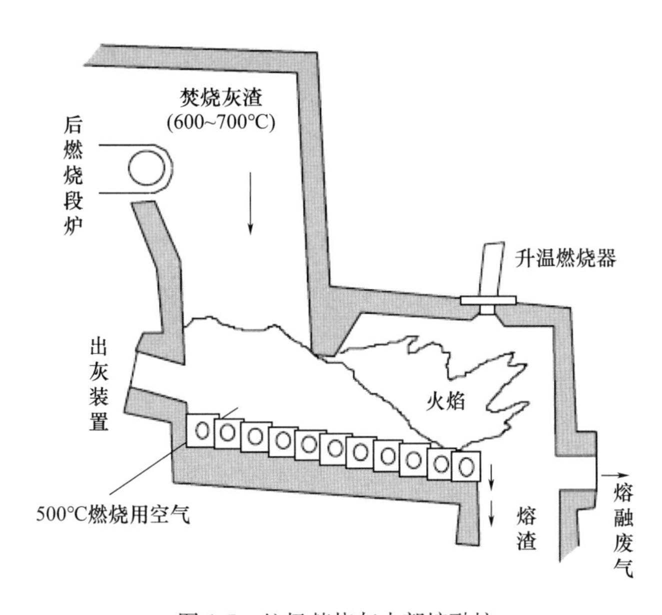

图1-5 垃圾焚烧灰内部熔融炉

1.4.2.3 电弧式熔融炉

电弧式熔融炉主要由炉体容器及供给电弧的电源设备组成，详见图1-6。该炉型使用电力为熔融热源，电极从炉盖贯穿进入炉内。熔融处理主要借助电极与炉床的碱金属间的交替电流产生高温电弧使灰渣熔融。电弧产生如此高的温度以致灰渣中的重金属可在短时间内完全熔融。该熔融炉的优点是废气排放量较少，处理容易；缺点是需要较纯熟的操作技巧，电力需求量大，熔渣排出口易受损，有时还会产生严重的噪声。

1.4.2.4 等离子体熔融炉

应用等离子体处理技术最早起源于金属工业制造过程与玻璃制造等方面，而近年来则成功应用于废弃物处理，尤其用于以放射性废料处理为主要对象。目前除应用于下水污泥、城市垃圾及其焚烧灰渣的中间处理外，亦应用于受污染土壤的玻璃化及填埋场的污染整治等方面。等离子体熔融炉主要由炉体、等离子喷嘴、直流电源、空气供给及冷却水供给等设备组成（如图1-7所示）。工作原理是：首先在等离子体内产生电弧，然后加热空气与燃气的混合气形成高温等离子体。由于等离子体的高温（2000℃以上）特性，使污泥或其焚烧灰渣中有机化合物热解、挥发或氧化，而无机化合物（如重金属）则形成重金属不易溶出的熔渣。等离子体熔融处理的优点主要包括：①可在不同的环境条件下（氧气、氮气或其他惰性气体）处理；②等离子体热源无污染，可直接加热处理；③不需前处理，减少处理费用；④排放废气及污染量较少。

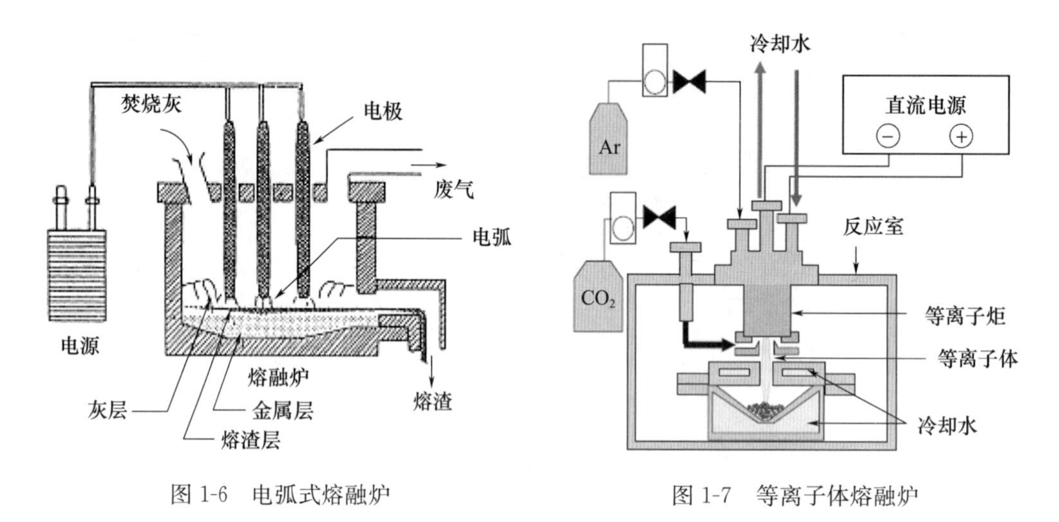

图 1-6　电弧式熔融炉　　　　图 1-7　等离子体熔融炉

1.4.2.5　电热式熔融炉

电热式熔融炉可分为直接式和间接式两种，直接熔融炉是把位于炉壁电极置于熔融液中，在电极间通入电流，利用熔融物的电阻产生热能，达到熔融效果。目前直接式电热熔融炉主要用于焚烧灰渣，一般焚烧灰渣在常温下不导电，但在熔融状态下则易形成导体。间接式电热熔融炉主要是以电加热加热，利用其辐射对焚烧灰渣间接加热，以达到熔融处理的目的。如图 1-8 所示为电热式熔融炉的结构图，其中以加热单元及溶渣排出单元为主要设备。

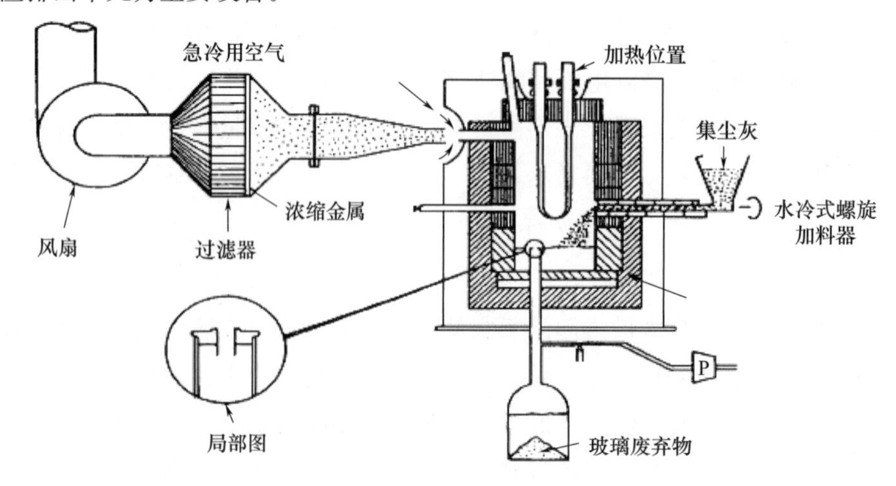

图 1-8　电热式熔融炉

1.5 本书研究的主要内容

到目前为止，我国多数垃圾焚烧炉产生的焚烧飞灰几乎没有做任何预处理就直接填埋或再次利用，对人们的生存环境造成严重的潜在威胁。我国在焚烧飞灰熔融过程中重金属元素污染防治方面还缺乏深入、系统的研究，也没有建立相应的科学理论，已有的有关垃圾焚烧过程中痕量重金属元素排放等方面的研究主要针对重金属元素在焚烧飞灰中的含量及赋存形式、各种重金属元素在底灰及不同粒径飞灰颗粒上的分布和富集规律等，而未能深入研究重金属元素在焚烧飞灰熔融过程中的固溶、释放、迁移、转化、富集的物理化学机理和内在规律，对如何控制重金属污染物排放缺乏有效的手段和方法。因此，有必要对焚烧飞灰熔融特性及焚烧飞灰熔融过程中重金属元素的生成、释放、迁移、转化、富集的物理化学机理和内在规律进行系统、深入的研究。

为了系统地研究焚烧飞灰熔融处理特性及熔融过程中重金属行为特性，本文主要针对以下几个方面的内容展开研究。

（1）研究焚烧飞灰的基本特性、重金属的含量及分布规律，分析焚烧飞灰微观形貌、矿物组成和浸出特性。

（2）针对不同焚烧飞灰在管式熔融炉中进行熔融特性实验研究，系统地分析熔融温度、熔融时间、碱基度、添加剂和气氛对熔融特性及熔融过程中重金属赋存迁移规律的影响，揭示这些因素对焚烧飞灰静态熔融特性的影响。

（3）设计建造内径为300mm的旋风熔融炉，在不同工况下对焚烧飞灰进行动态熔融特性及重金属行为试验，研究熔融温度和添加剂对熔融产物中重金属含量及其分布规律的影响，以及焚烧飞灰熔融过程中烟气中重金属分布规律，揭示焚烧飞灰动态熔融处理规律。

（4）根据我国国情，利用煤为燃料，结合流化床煤气化产生的煤气对焚烧飞灰在旋风炉上进行熔融处理试验，系统地对空煤比、气煤比、气化温度、添加剂等因素对熔融过程中重金属元素迁移赋存规律进行研究。力求实现重金属排放的减量化和最小化，为煤气化-焚烧飞灰熔融技术的应用推广提供试验依据和理论参考。

（5）根据重金属元素在焚烧飞灰及其熔渣中的赋存形态、熔融过程中气固流动理论、飞灰颗粒传热传质、挥发性重金属扩散等化学动力学理论，对试验中得到的大量数据进行合理分析，基于重金属元素在熔融过程中挥发特性，建立重金属元素析出模型。

第2章　城市生活垃圾焚烧飞灰基本特性研究

2.1　引言

垃圾焚烧发电具有明显的减容、减量和资源再利用等优势，受到国内外的普遍关注。许多专家认为，焚烧发电技术将成为我国垃圾处理技术的重要研究和发展方向。垃圾焚烧容易产生二次污染，而焚烧飞灰是二次污染的主要载体。焚烧飞灰因含有高浸出毒性的重金属以及高毒性当量的二噁英等污染成分被普遍认为是一种危险废物，必须进行稳定化、无害化处理。

许多学者对垃圾焚烧飞灰理化特性开展深入研究，Richer U 等和 Le Forestier 等研究了飞灰粒度等特性，Akiko kida 等在研究渗滤液 pH 对重金属渗滤特性的影响时指出，随着 pH 值的减小，重金属的渗滤增加；Li 等指出在酸性条件下重金属的渗滤随液固比的增加而增加，Tay 等着重对焚烧飞灰的工程性质进行了研究。对于焚烧飞灰的研究，国内也是最近几年才起步，相关的文章鲜有报道。

飞灰的物理化学性质对各种处理技术的适应性、处理效果、经济性能等有重要影响。本章针对国内华东地区3个正在运行的城市生活垃圾焚烧发电厂的布袋除尘器飞灰进行研究，系统地讨论了焚烧飞灰的化学组成特性、物理特性、微观形貌、矿物组成特性、浸出特性等，以期对飞灰的无害化处理提供一定的理论依据，并为飞灰的处理技术选择和优化运行奠定基础。

垃圾焚烧炉流程及采样点示意图如图2-1所示。

2.2　实验部分

2.2.1　样品来源

本实验采集的城市垃圾焚烧飞灰分别来自国内华东地区的3家垃圾焚烧发电厂布袋除尘灰，垃圾焚烧发电厂A的日处理能力为1095t生活垃圾，选用的是法国焚烧设备，采用倾斜往复推力炉排焚烧工艺，烟气净化采用半干式洗涤塔与滤袋式集尘器组合工艺；垃圾焚烧发电厂B的日处理能力为350t生活垃圾，采用的是国产的垃圾焚烧设备。焚烧发电厂C的日处理生活垃圾1000t，配备3台75t·h^{-1}循环流化床垃圾焚烧锅炉，2台12MW抽凝式发电机组，焚烧温度为850～950℃。另外，城市生活垃圾成分复杂，随经济、地域、季节、城市规模及生活水平的不同有很大差异，对飞灰成分也有较大的影响。

2.2.2　分析测试仪器和方法

2.2.2.1　XRF元素定性分析

将实验用的焚烧飞灰研磨通过100目筛网后，将试样压制成圆饼状，置于ARL9800XP+型X-射线荧光光谱仪中，在电压40kV、电流10mA、计算速度4kcps条件下，对试样的组成元素进行分析。

2.2.2.2　灰熔点

焚烧飞灰熔点测定参考标准《煤灰熔融性的测试方法》(GB/T 219—2008)，测出飞灰的熔融特征温度：变形温度（DT)、软化温度（ST)、半球温度（HT）和流动温度（FT)。

2.2.2.3　飞灰中金属元素

飞灰在进行分析测试之前，先均匀化处理，并在105℃下干燥24h，达到恒重。重金属总量消化分析，参照USEPA SW846-3050b对焚烧炉飞灰及熔融试样进行酸消解后，测定重金属含量。具体方法如下：将试样破碎并用玛瑙研钵研磨，充分混合均匀，称取1g试样置入锥形烧杯中，加入10mL的1∶1硝酸，与试样混匀成浆状后盖上表面皿，加热至95℃回流15min。冷却并加入5mL浓硝酸，再盖上表面皿，加热回流30min并冷却，加入去离子水和30%的H_2O_2，缓慢加热至气泡消失，经冷却后，持续加入H_2O_2直至试样表观不再改变，然后加入10mL浓盐酸以95℃回流15min，冷却后用去离子水清洗表面皿及烧杯内壁，经过滤后定量稀释到100mL摇匀后的消解液备测。

试样采用POEMS（Ⅱ）型电感耦合等离子体光谱质谱联用仪进行分析，ICP仪器工作参数：高频发射功率：1.15kW；冷却气流量：15L·min^{-1}，辅助气流量：0.50L·min^{-1}；雾化气流量：0.45L·min^{-1}；试液提升量：1.5mL·min^{-1}；泵速：100r·min^{-1}。

2.2.2.4　浸出毒性

参考标准《固体废物浸出毒性浸出方法—水平振荡法》(HJ 557—2010)，取100 g飞灰（干基）放入2L聚乙烯瓶中，加入1L蒸馏水，盖紧瓶盖后垂直固定于往复式水平振荡机上，室温振荡8h [转速（110±10） r·min^{-1}，振幅40 mm]，取下静置16 h后用0.45Pm微孔滤膜过滤，收集全部滤液即浸出液，用ICP测出。

2.2.2.5　粒度分析

实验收集的城市生活垃圾焚烧飞灰用英国马尔文公司的MS2000激光粒度分析仪，

对飞灰进行粒径分布测量。该仪器的激光器为 He-Ne 激光器。样品分散剂为洗洁精加少许 $CaCl_2$，分散参数选择为：微波 5u·sonic^{-1}，搅拌 60%。

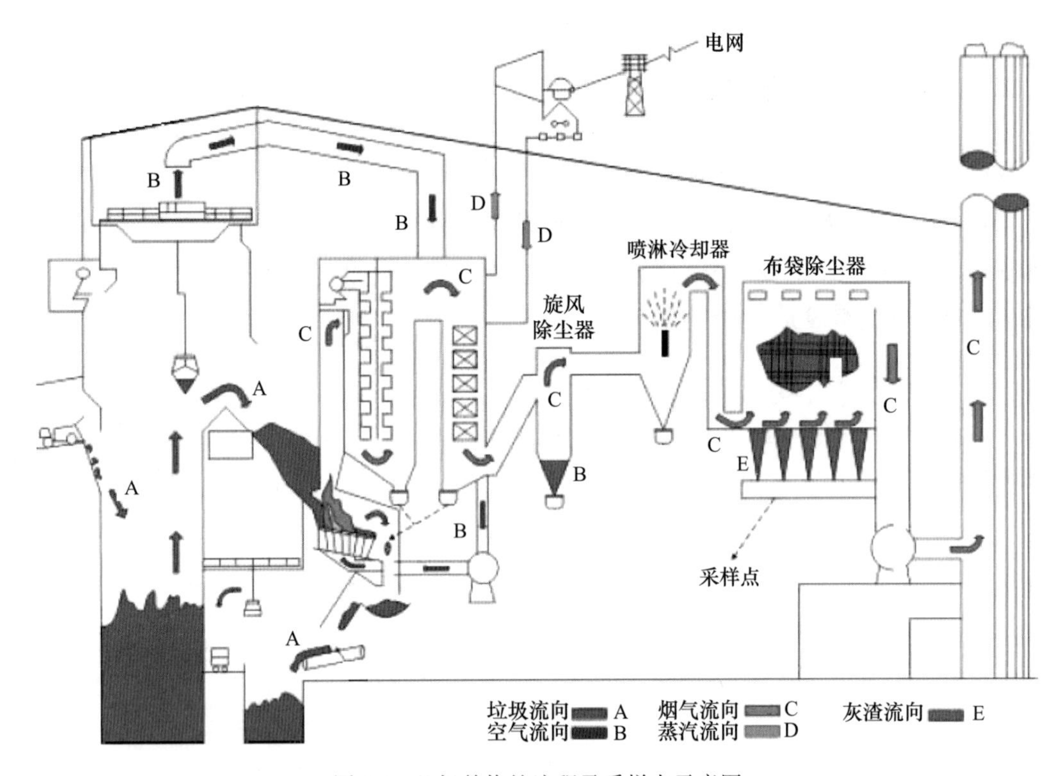

图 2-1 垃圾焚烧炉流程及采样点示意图

2.2.2.6 扫描式电子显微镜分析

本实验所采用的扫描式电子显微镜（scanning electron microscopy，SEM）为 JSW-5610LV 型，将熔融后的试样放在玛瑙研钵中捣成块状颗粒，并将其固定于金属圆盘上进行喷金处理，目的是增加其导电性（喷金厚度 1.2×10^{-8}m 左右），最后把喷金后的试样放在扫描电子显微镜上观察，主要观测熔融试样的微观结构变化状况，从而判定其熔融效果的优劣。

2.2.2.7 X 射线衍射（X-ray diffractometry，XRD）分析

用 X 射线衍射分析的目的就是测定在熔融处理前后熔融试样中的物质种类变化情况，主要是测定出试样中主要结晶相物质，根据测定结果也可判断试样是否熔融完全。

本实验所用的 X 射线衍射仪是由日本理学公司制 D/max-r C 型软靶 X 射线衍射仪。将熔融后的样品用玛瑙研钵研磨，并使其通过 100 目的筛网后，利用粉末压片将小于 100 目试样所压成的试片置于 X-射线衍射仪中，使用铜靶、镍滤波器，在电压 40kV、电流 30mA、计算速度 1kcps、测角范围 10°～90°、扫描速度 4°·min^{-1}的条件下，根据所得的 X 射线衍射图来判定试样的结晶相物质种类。

2.3 结果分析与讨论

2.3.1 焚烧飞灰成分分析

由于城市生活垃圾焚烧飞灰组成成分相当复杂，且焚烧处理的工艺流程和尾气净化系统均影响到飞灰性质，因此要对焚烧飞灰资源化、无害化处理，就必须先了解飞灰本身的组成特性。飞灰中含大量碱性金属氧化物、氢氧化物、氯化物及硫化物，其粒径分布经筛分结果显示，小于0.15mm的颗粒约占95%以上。城市生活垃圾焚烧飞灰的性质因燃烧方式、燃烧条件、垃圾性质和烟气净化系统等而异。如表2-1所示，列出了几个国家和地区的飞灰组成，说明焚烧飞灰的组成与不同国家（地区）的经济发展水平和环保法规有着密切关系。

表2-1 不同国家和地区的垃圾焚烧飞灰组成 单位：wt%

组成	焚烧飞灰						
	瑞士	日本	加拿大	中国台湾地区	新加坡	法国	荷兰
SiO_2	22.50	24.2	39.10	11.8—31.8	35.0	19.3	28.3
Al_2O_3	23.42	11.5	13.60	8.89—17.4	12.5	13.6	10.4
Fe_2O_3	—	1.77	2.21	1.44—15.7	5.7	2.4	1.9
CaO	18.76	36.6	15.00	20.1—25.8	32.5	20.0	20.6
MgO	—	2.45	2.70	1.61—3.53	1.0	2.6	2.6
Na_2O	7.28	2.57	5.50	—	1.9	10.1	6.0
K_2O	—	1.72	2.30	—	3.6	7.3	5.1
Cl	6.00	3.10	2.40	—	—	—	—

与发达国家（地区）相比，我国的城市生活垃圾由于分类收集水平低，成分更为复杂，如表2-2所示列出了A、B、C这3个不同城市垃圾焚烧发电厂焚烧飞灰（分别对应为FA1、FA2和FA3）的化学组成，是通过ARL9800XP+型X-射线荧光光谱仪进行的定量全分析。从表2-2中可知，3种飞灰中的元素组成主要是以氧化物形式存在，原因是由于焚烧过程中焚烧炉内的强氧化环境所致。FA1中主要氧化物（含量>10%）为：CaO、SiO_2、Al_2O_3、Fe_2O_3等，次要氧化物为Na_2O、K_2O、MgO，以及大量氢氧化物、氯化物，还含有少量重金属，如Cd、Cr、Cu、Pb、Zn等，其中Pb、Zn等重金属严重超出危险废物鉴别标准《危险废物鉴别标准 通则》(GB 5085.7—2019)。焚烧飞灰中Zn主要是以K_2ZnCl_4、$ZnBr_2$、$ZnCl_2$、ZnO、$Zn_4Si_2O_7(OH)_2\cdot 2H_2O$和金属Zn的形态存在；Pb则是以$Pb_3O_2SO_4$、$Pb_3Sb_2O_7$、$PbSO_4$、$PbCl_2$、PbO、$Pb_5(PO_4)_3Cl$和金属Pb形态存在；而Cu以$BaCuO_2$形态存在；Cd则以$CdCl_2$、$Cd_5$

$(AsO_4)_3Cl$ 形态存在于飞灰中。FA2 中主要氧化物（含量＞10%）为：CaO、SiO_2、Al_2O_3，FA2 的碱基度为 0.63。FA3 组成成分除了 SiO_2、CaO、Fe_2O_3、Al_2O_3 及 MgO 外，还含有沸点较低的重金属。飞灰颗粒粒径一般介于 1～1000μm 之间，颗粒愈小，所含有害的低沸点重金属比例愈高。焚烧飞灰 FA3 中，SiO_2、CaO 含量较高，而 Al_2O_3 含量较低，Na_2O、Fe_2O_3 含量也较 FA1、FA2 高，这是由于 FA3 的原料是垃圾和煤的混合物，而煤灰的成分与垃圾灰分有较大差异，焚烧过程煤灰的参与导致飞灰中 SiO_2 含量增加，明显高于垃圾单独焚烧飞灰；此外焚烧方式差异对飞灰成分也有影响。3 种飞灰中 CaO 含量均较高，主要是由于为了除去烟气酸性气体而喷入石灰水溶液所致，生成的 CaO 与烟气中的 HCl、SO_2 和 HF 气体反应生成钙类化合物。

表 2-2 城市生活垃圾焚烧飞灰的组成 单位：wt%

主要化学组分	FA1	FA2	FA3
Al_2O_3	7.27	10.20	11.18
SiO_2	22.01	30.38	32.15
Fe_2O_3	3.62	4.91	5.95
Na_2O	4.57	5.50	6.24
CaO	30.71	19.25	24.69
MgO	2.41	2.23	2.81
K_2O	4.51	5.51	4.67
TiO_2	0.91	1.08	1.35
MnO	0.13	0.27	0.29
P_2O_5	1.52	1.71	1.75
SO_3	6.53	7.09	6.31
Ignition loss ratio /%	7.38	1.68	4.79
Moisture /%	0.98	2.34	1.52

焚烧飞灰成分相当复杂，通常由两类颗粒物质构成，一类是含有多种易挥发性元素（如：Cl、K、Na、S 和 Pb）的多晶超细颗粒，另一类为硅铝酸盐球状颗粒物。Ontiveros 研究指出垃圾焚烧飞灰最大的特点在于具有结晶体存在，主要是由 Si、Al 等物质组成，其沸点比焚烧温度高，因此在烟气中形成凝结核，而挥发性成分如重金属 Pb、Cd 随后冷凝在其表面，主要的结晶相为硫酸钙、氯化钠及氯化钾。Katsunori N 研究表明，废物中 33%的 Pb 在焚烧过程中转移到飞灰中，1%随烟气排出，其余 66%残留在底灰中；对于 Cd，92%转移到飞灰中，2%随烟气排出，其余 6%残留在底灰中。Vogger 等人研究指出垃圾焚烧过程中各种重金属的迁移与分布不仅取决于重金属种类，而且还与温度及其他非金属成分有关。

表 2-3 给出了 3 种城市生活垃圾焚烧飞灰元素组成。飞灰 FA1、FA2、FA3 中的主要组成元素为：O、Si、Ca、Al、Na、K、Fe、Mg、S、P，由于焚烧飞灰中的氯化钙与未反应的石灰石发生反应，其生成物中通常含有大量的可溶性盐类，导致飞灰具有较高的溶解度。

表 2-3　城市生活垃圾焚烧飞灰元素组成　　单位：wt%

元素	FA1	FA2	FA3	重金属	FA1	FA2	FA3
Al	1.924	7.270	10.200	Zn	0.620	1.290	2.1529
Si	10.271	22.010	30.380	Pb	0.250	0.470	0.946
Fe	1.267	3.620	4.910	Cr	0.031	0.037	0.5226
Na	1.700	4.570	5.500	Ba	0.180	0.210	0.125
Ca	21.940	30.710	19.250	Cu	0.061	0.110	0.469
Mg	1.607	2.410	2.230	As	<0.001	<0.001	0.0414
K	1.871	4.510	5.510	Ni	0.007	0.010	0.1091
Ti	0.787	0.910	1.080	Sn	0.073	0.120	0.124
Mn	0.097	0.1250	0.274	Sr	0.045	0.067	0.051
P	0.332	1.520	1.710	Zr	0.011	0.020	0.012
S	2.612	6.530	7.090	—	—	—	—

2.3.2　焚烧飞灰粒径分析

由于焚烧飞灰采自布袋除尘器，其粒径一般均不超过 1000μm，3 种焚烧飞灰的粒径分布如图 2-2～图 2-4 所示。由图可看出，3 种焚烧飞灰粒径基本呈近似的正态分布。焚烧飞灰 FA1 主要粒径范围在 44～88μm 之间，约占总重量的 62%，小于 0.1μm 或大于 1000μm 的颗粒总量几乎接近于 0；飞灰 FA2 中粒径小于 149μm 的颗粒占 85.27%以上，其次为 149～177μm，占 6.43%左右，粒径大于 841～1000μm 的颗粒含量极少，仅占 1.2%。FA3 飞灰的粒径分布总体上与 FA1、FA2 类似。

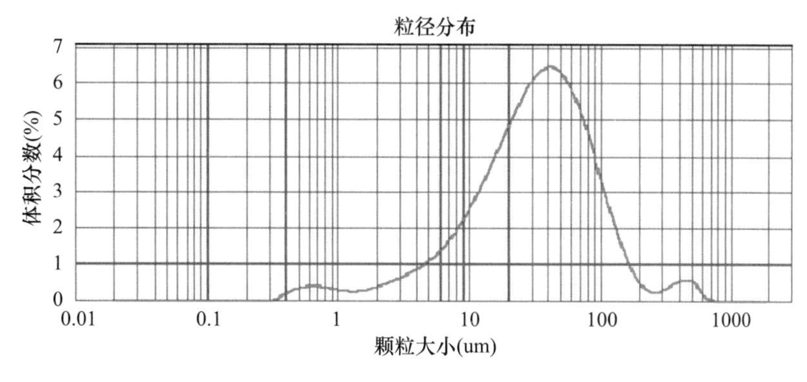

图 2-2　垃圾焚烧飞灰 FA1 粒径分布图

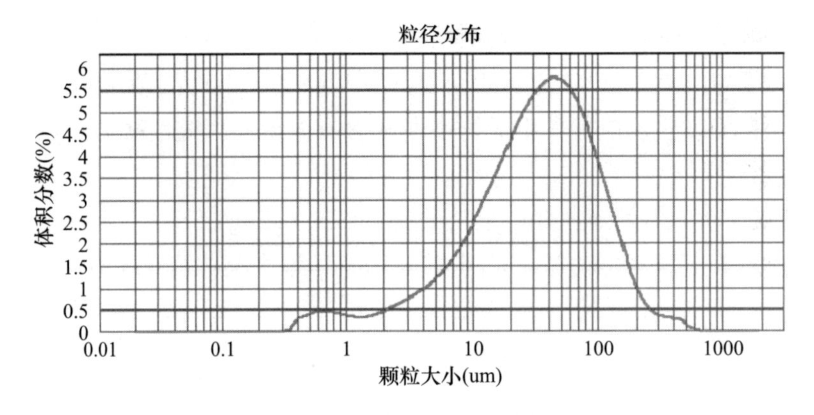

图 2-3　垃圾焚烧飞灰 FA2 粒径分布图

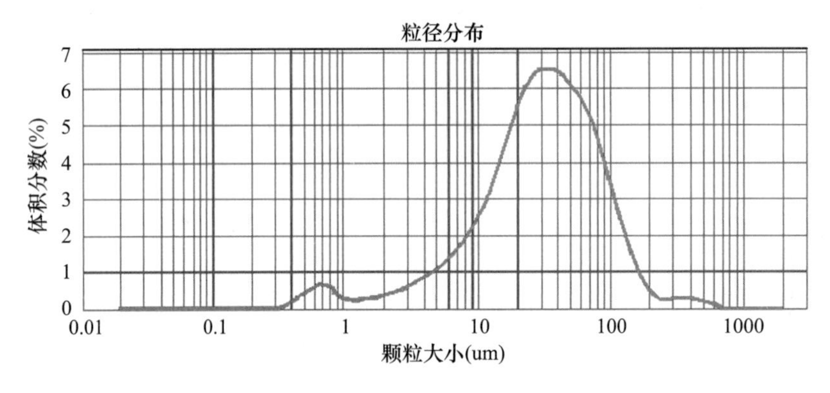

图 2-4　垃圾焚烧飞灰 FA3 粒径分布图

2.3.3　焚烧飞灰熔点分析

焚烧灰渣的熔点是热化学处理垃圾的重要指标。熔点不仅决定了焚烧等热化学处理过程灰的沉积与结渣危害程度，而且对于焚烧飞灰的进一步处理至关重要，尤其对灰渣的烧结和熔融等高温处理技术的安全性和经济性也有决定性影响，因为熔点的高低不仅影响熔融的能耗，而且决定熔融工艺的难易程度和设备投资等诸多方面，所以研究飞灰的熔点非常必要。

由于城市生活垃圾的成分十分复杂，因此经焚烧等热化学处理后的固态残留物——灰渣的成分非常复杂，各种成分含量的变化也很大，这些成分决定了焚烧飞灰的熔化特性。在焚烧飞灰中多以硅酸盐、硫酸盐、各种金属化合物以及金属与非金属氧化物等成分的混合物形式存在，当加热到一定温度时，焚烧飞灰试样中的低熔点成分开始熔化，随着温度的升高，试样中包含一些物相生成反应，熔化成分逐渐增多，最后全部变为液态，而不是在某一固定温度时能够使固态全部转变为液态，原因是由于飞灰中各种成分具有不同的熔点所致。本节主要研究焚烧飞灰熔点的 4 个特征温度，即开始变形温度（DT）、软化温度（ST）、半球温度（HT）和流动温度（FT）。焚烧飞灰熔融性的试验标准采用角锥法，在氧化性气氛下对 3 种焚烧飞灰的熔融特性进行测定。

图2-5为3种垃圾焚烧飞灰的灰熔点测试结果，FA3是垃圾与煤混烧炉产生的飞灰，其熔流点明显高于炉排炉焚烧飞灰FA1和FA2。FA1的DT、ST、HT和FT与FA3相差约100℃，是由于试样FA1中高熔点氧化物MgO（2800℃）和Al_2O_3（2050℃）质量分数相对其他两种飞灰较低，故FA1灰熔点相对较低。从飞灰来源方面分析，FA1与FA2是往复式炉排焚烧炉飞灰，主要处理纯生活垃圾，而FA3是垃圾与煤混烧的流化床焚烧炉飞灰，这也说明垃圾焚烧飞灰明显比煤灰与垃圾焚烧飞灰混合物的熔点低，对于飞灰的熔融处理而言无疑是有利的，然而对于垃圾焚烧炉而言要格外重视防止因结渣而影响运行。

对于不同地域的焚烧飞灰，由于焚烧垃圾的成分及焚烧工艺的不同，致使焚烧飞灰的熔点也不尽相同。3种焚烧飞灰的熔点由高到低依次为FA3>FA2>FA1。飞灰中SiO_2含量对灰熔点的影响非常显著，几乎是成正比关系。而焚烧飞灰为复杂的飞灰混合物，飞灰中任一组分与另一组分经适当的混合后，均能使其熔点降低。纯SiO_2的熔点为1620℃，若Al_2O_3添加量不超过10%时，能使混合物的熔点降低。$SiO_2+Al_2O_3$的含量越高，熔化温度就越高，见图2-6。由表2-2可知，3种飞灰$SiO_2+Al_2O_3$的含量由高到低依次为：FA3、FA2、FA1，正好与上述观点吻合。

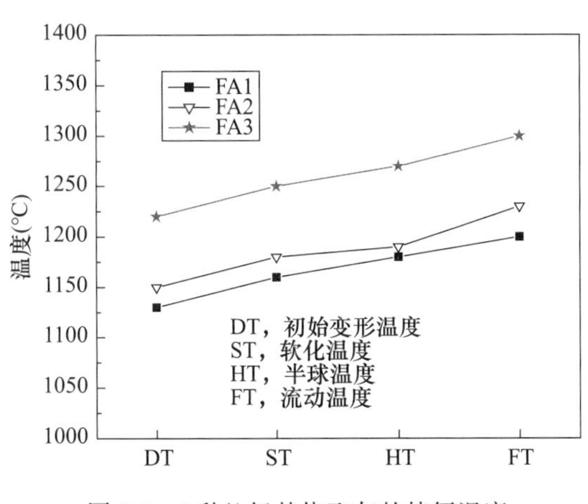

图2-5 3种垃圾焚烧飞灰的特征温度

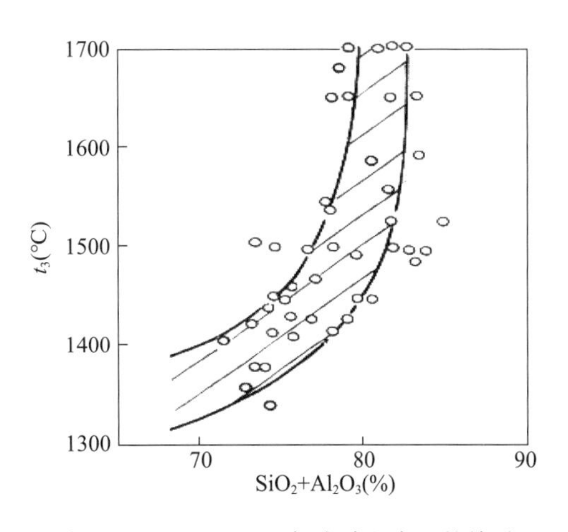

图2-6 $SiO_2+Al_2O_3$与流动温度t_3的关系

2.3.4 焚烧飞灰试样差热分析

如图2-7～图2-9所示分别为飞灰FA1、FA2和FA3在氧气气氛下、温升速率为20℃ • min^{-1}条件下热分析实验所得DTA曲线。

飞灰试样FA1的差热分析曲线如图2-7所示。试样在487～534℃之间出现一小的吸热峰，而在534～1132℃之间没有任何峰出现。随着熔融温度的升高，在1132～1200℃出现一个明显的宽吸热峰，说明试样在1132℃左右开始发生熔融反应，试样中软化的玻璃态物质开始熔融，当温度升到1171.4℃时，吸热流达到最大值；继续升温，在1252～1290℃出现小的吸热峰，说明再次发生熔融反应，反应所吸收的热量为

6.87kJ，最后在1350～1385℃出现一个明显的窄吸热峰。

试样FA2在550～620℃之间呈现出一个较小的吸热反应，主要是飞灰中的晶体发生多晶转变造成吸热效应；同种化学组成的物质，在不同的外界条件下，可能具有不同的晶型，自由焓最低的晶型最稳定，随着温度的变化，晶体由一种晶型转变为另一种晶型。多晶转变就是指在这些晶体之间的相互转变。当温度升高至760℃时，试样则发生明显的放热反应，在760～790℃区间反应释放的热量为9.18kJ。继续升高温度，在1120～1180℃温度区间试样发生熔融反应，在1120℃试样开始变形软化，在1180℃时达到熔流点温度，该过程反应吸收的热量达到23.23kJ。试样在1188～1210℃释放4.32kJ热量后达到完全熔融，呈液态熔渣。

试样FA3与FA1和FA2有所不同，在572～667℃才出现吸热反应，反应开始的温度较前两种飞灰推迟，这与该飞灰自身成分特性有关，温度升至1163℃时，又出现一更为明显的吸热峰，原因是由于FA3本身是煤与焚烧飞灰混烧产生的，其熔点较高，故发生熔融反应较其他两种飞灰困难，需要吸收更多的热量。

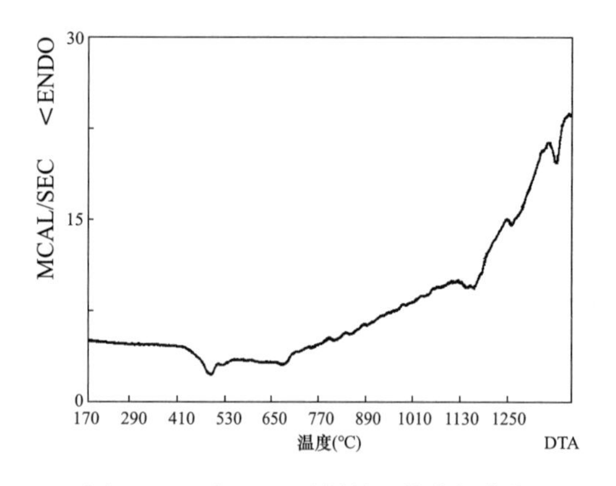

图2-7 飞灰FA1试样的差热分析曲线

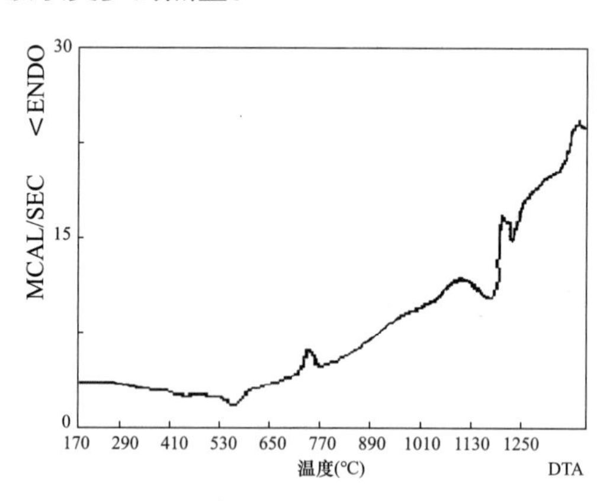

图2-8 飞灰FA2试样的差热分析曲线

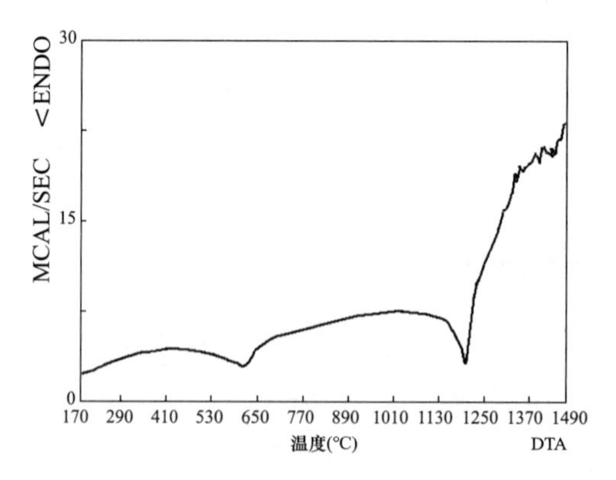

图2-9 飞灰FA3试样的差热分析曲线

2.3.5 焚烧飞灰微观形貌及EDS分析

为了解垃圾焚烧飞灰表面的微观结构，本实验使用扫描式电子显微镜进行灰渣孔隙及表面微观结构变化进行分析。

图 2-10 中的（a）～（c）为 FA1、FA2 和 FA33 种试样在熔融前的 SEM 照片。由图 2-10 可知，3 种焚烧飞灰的外观均呈微小颗粒状，FA1 的颗粒平均尺寸较 FA2 和 FA3 的颗粒平均尺寸大。通过 SEM 照片观察飞灰试样时发现，焚烧飞灰中含有大量的结晶态和一些不规则状颗粒，外观上较为松散，呈球状、椭球状或片状层叠在一起，在高放大倍数下（×500 倍）可观察到一些颗粒与非晶态基体结合在一起。飞灰 FA1 中颗粒分布较为平均，几乎没有较大粒径的颗粒（>50μm），且较 FA2 和 FA3 试样疏松；FA2 和 FA3 中可发现部分粒径在 50～80μm 之间的颗粒，二者粒径分布相对不很均匀，尤其是 FA3 试样中不规则颗粒数量较多，有些呈棒状、枝状。

用能谱分析仪（EDS）对 3 种焚烧飞灰颗粒表面的元素组成进行分析，如图 2-11 所示。

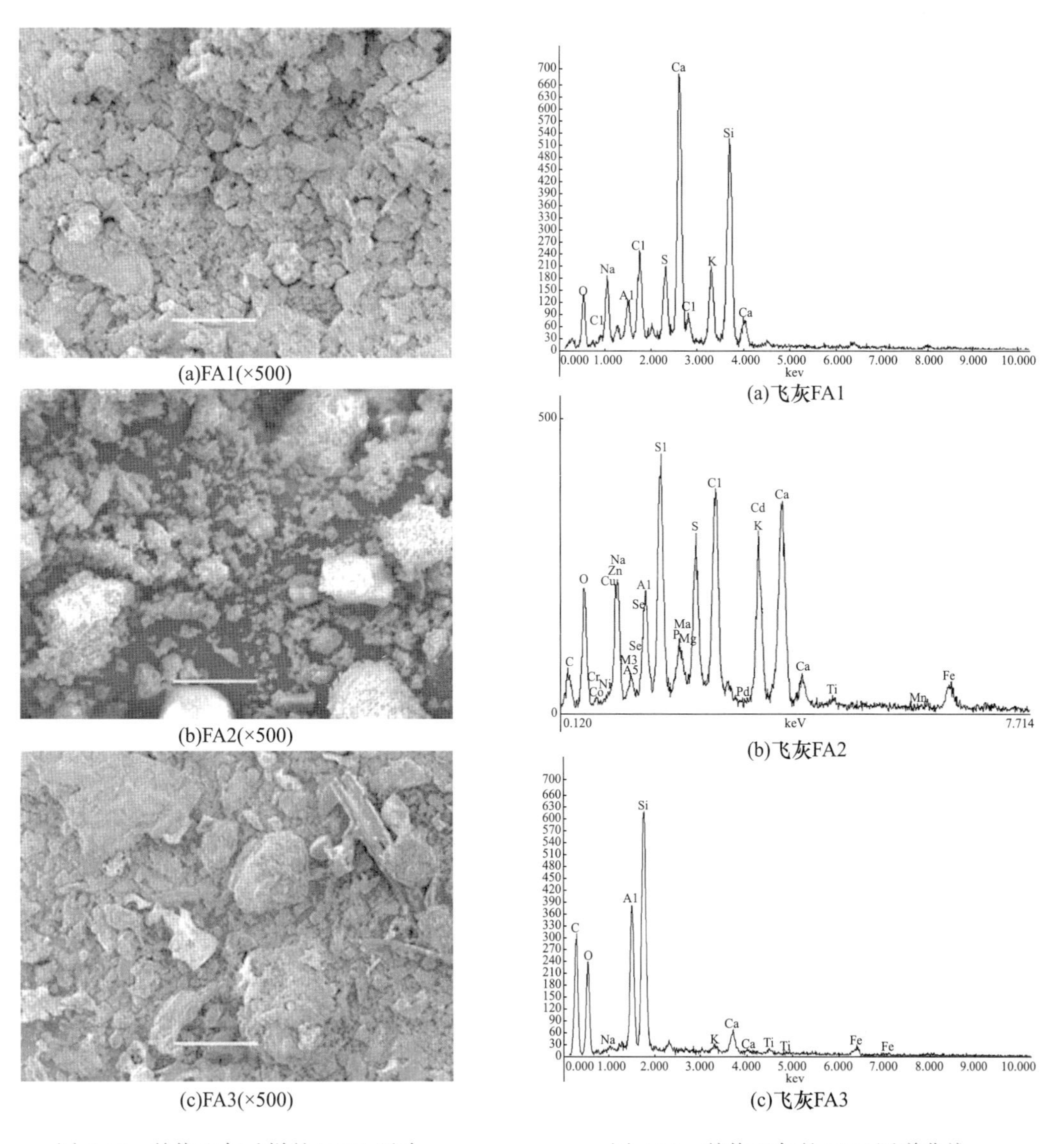

(a)FA1(×500)

(b)FA2(×500)

(c)FA3(×500)

图 2-10　焚烧飞灰试样的 SEM 照片

(a)飞灰FA1

(b)飞灰FA2

(c)飞灰FA3

图 2-11　焚烧飞灰的 EDS 图谱曲线

由于焚烧炉内的富氧环境，飞灰中大多数元素都是以氧化物形式存在的。FA1 中主要组成为（$>100g \cdot kg^{-1}$）：CaO 和 SiO_2；其次是 Al_2O_3、Fe_2O_3、Cl、K_2O、Na_2O、P_2O_5、MgO 和 TiO_2，含量在 $3 \sim 70g \cdot kg^{-1}$之间；微量元素主要有 Cr、Pb、Mn、As、Cd、Zn 等，由此也可推断 FA1 中含有大量硅酸钙类化合物和较多的碱金属氯化物；由图 2-11（b）可知，FA2 的元素组成较其他两种焚烧飞灰复杂，这是由于 FA2 试样所在的城市垃圾分类收集程度较差，另一方面说明该城市污染更为严重，FA2 中的元素组成顺序依次为 Si、Ca、O、Cl、S、C、K、Na、Al、Fe、P、Mg，微量元素主要有 Cr、Pb、As、Cd 等，FA3 试样中 Si 元素含量最高，其次为 Ca、Al，这与该焚烧厂的焚烧工艺有关，采用流化床焚烧炉将煤和垃圾混烧时，煤中的部分矿物元素混合到焚烧飞灰中。

如表 2-4 所示给出了 3 种焚烧飞灰经 EDS 分析的元素组成。3 种飞灰中均以 Ca、Si、Al、Fe 为主要元素；EDS 分析结果与表 2-3 中用 XRF 方法测定的结果有一定差别，说明飞灰中确实存在以上这些元素，其中造成差别的主要原因是同时检测时，某些元素（如 O 和 Cr）相互之间会发生干扰，导致相对应的元素检测值变得很大，因此造成一定程度的误差；另外 EDS 分析方法主要是对颗粒物表面元素进行分析，与 XRF 分析相比其结果的误差较大。

表 2-4　焚烧飞灰经 EDS 分析的组分结果　　单位：wt%

组成	FA1	FA2	FA3	组成	FA1	FA2	FA3
Ca	32.52	26.23	27.45	Zn	2.48	2.43	1.70
Si	20.75	30.54	37.45	Hg	2.24	2.42	2.17
Al	8.55	10.65	11.41	Ba	1.1	1.90	3.60
Fe	6.82	9.12	7.98	Mn	0.01	0.78	0.23
K	2.53	2.31	1.83	Cr	0.37	0.43	0.55
Mg	0.71	0.76	0.61	Ti	0.82	0.23	0.71
S	5.58	4.58	2.09	V	0.13	0.54	0.93
Cl	10.04	8.74	1.28	Pb	0.18	0.29	0.68

2.3.6　焚烧飞灰试样的 XRD 分析

垃圾焚烧飞灰主要由金属氧化物和非金属氧化物组成，然而相同或相似的成分可以存在不同物相结构，而物相结构对飞灰的性质以及各种处理方式适应性也有影响。因此本实验不仅要了解熔渣的化学组成，而且还要知道各组成的物相结构。比如飞灰经高温熔融处理后，由于冷却方式不同导致产品中物相结构差异，最终影响产品的稳定性，所以研究飞灰的物相结构就显得非常必要。

飞灰 FA1 的 XRD 图谱见图 2-12。未经熔融处理的试样是由许多复杂结晶相组成，主要结晶相为：NaCl、KCl、SiO_2、$CaCO_3$、$CaSO_4$、Ca_2SiO_4 以及 $Ca_{12}Al_{14}O_{33}$。结合 SEM 分析照片进行比较可以判定飞灰中的主要物质为：硅酸盐、氧化物及其他复杂化合物，XRD 分析出的晶体化合物元素组成包含在 XRF 分析的结果中，说明飞灰中确实存在这几种结晶相。焚烧废气中主要含有 Cl_2 与少量的 SO_x、NO_x 成分，在高温下与烟气净化塔中的消石灰浆产生反应后，Cl_2 会与消石灰生成氯化钙类化合物再被除尘设备所捕集，故其主要晶相为氯化钙类的化合物。Fernandez 利用 XRD 分析焚烧飞灰中结晶相的物质形态，结果以氯化钠、氯化钾、硫酸钙、碳酸钙和二氧化硅为主，再利用各种分离技术将飞灰分选后，以 EPMA（电子探针显微分析，Electron Probe Microanalysis）分析计算各种物质含量，其中非结晶相占总量的 40%，结晶相为 60%，结晶相中 30% 为硅酸盐类，15% 为氯化物，5%～10% 为硫酸盐与碳酸盐类，余下 5% 为金属氧化物及其他相。

飞灰 FA2 的 XRD 衍射分析结果如图 2-13 所示。由图 2-13 可知，熔融处理前 FA2 的结晶相可分为 3 类：①氯化物：NaCl（Halite）、KCl（Sylvite）、$CaCl_2$；②$CaCO_3$（Calcite）、$CaSO_4$（Anhydrite）；③硅酸盐：包括 SiO_2（Quartz）和硅灰石（Wollastonite，$CaSiO_3$）。其中 $CaSO_4$ 和 $CaCl_2$ 的存在主要是由于烟气中 HCl 和 SO_2 与 $Ca(OH)_2$ 反应而生成。

飞灰 FA3 的 XRD 分析图谱如图 2-14 所示，主要晶相包括 KCl、CaO、NaCl、Fe_2O_3、SiO_2、$CaSO_4$，矿物种类没有 FA1、FA2 复杂，其中的硅酸盐类亦相对较少。

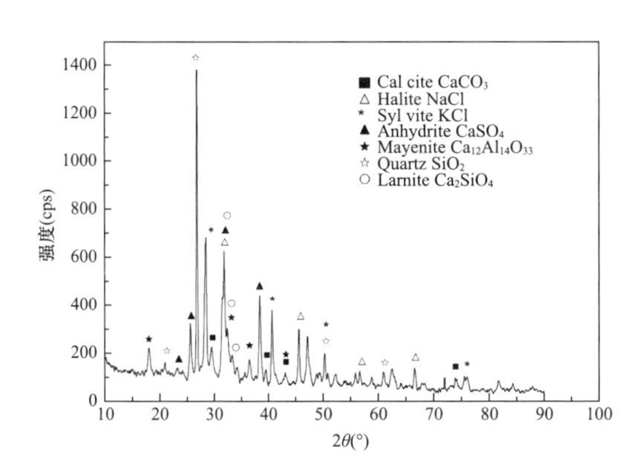

图 2-12　飞灰 FA1 的 XRD 衍射图谱

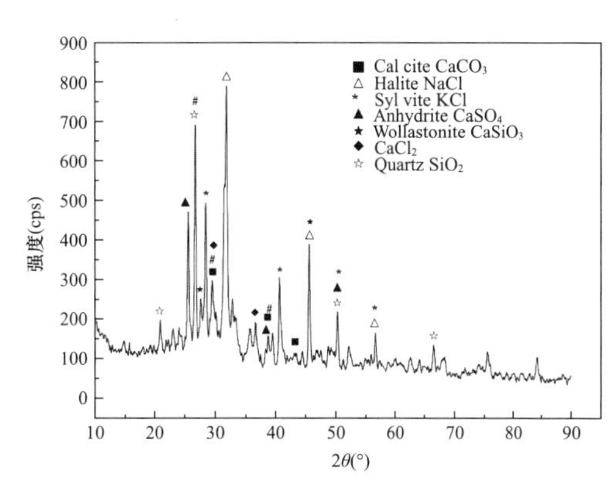

图 2-13　飞灰 FA2 的 XRD 衍射图谱

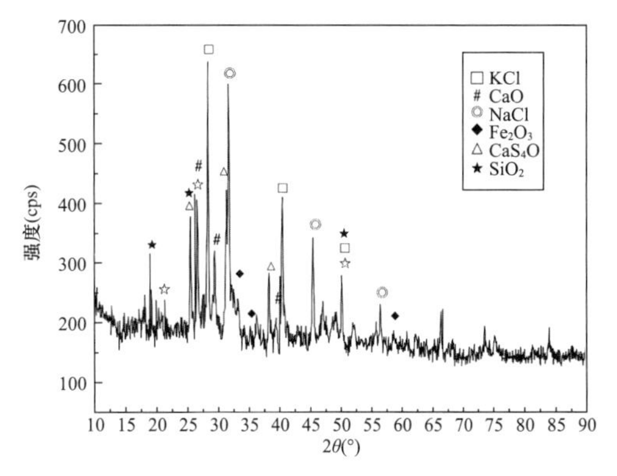

图 2-14　飞灰 FA3 的 XRD 衍射图谱

2.3.7 焚烧飞灰浸出特性分析

由于焚烧垃圾成分的影响，各种重金属在飞灰中所占的质量分数略有差别；与土壤中重金属元素含量相比，3 种飞灰的 Cd、Cr、Pb、Cu、Zn 的质量分数均比土壤中高出很多，甚至高出 3 个数量级以上，如 Cd、Zn 和 Pb。因此，焚烧飞灰若随便处置，将会对土壤及地下水造成严重污染。

根据《危险废物鉴别标准　浸出毒性鉴别》(GB 5085.3—2007)，浸出液中任何一种危害成分的质量分数超过规定的标准值，则该废物就定义为具有浸出毒性的危险废物。从表 2-5 可以看出，焚烧飞灰 FA3 中重金属含量及浸出值相对较低，3 种飞灰中 Pb 和 Cr 的浸出值均超过标准值。飞灰 FA1 和 FA2 中的 Zn 浸出值也超过标准值；因此，必须对 3 种焚烧飞灰进行稳定化、无害化处理。

表 2-5　焚烧飞灰的浸出特性

组成	FA1		FA2		FA3		浸出标准 (mg·L^{-1})	土壤平均值
	含量 (mg·L^{-1})	浸出值 (mg·L^{-1})	含量 (mg·L^{-1})	浸出值 (mg·L^{-1})	含量 (mg·L^{-1})	浸出值 (mg·L^{-1})		
Cr	468.4	5.321	498.3	5.698	522.6	6.32	1.5	1～1000
Cu	831.8	0.112	859.7	0.154	469	0.053	50	2～100
Ni	78.54	0.159	122.70	0.214	109.1	0.202	10	5～500
Cd	5.04	0.001	9.69	0.002	4.521	0.001	0.30	0.01～0.70
Pb	2048.0	23.65	4083.0	42.63	946.25	11.25	3	2～200
Zn	4918.0	52.69	6874.0	65.68	2152.9	33.24	50	10～300
As	38.35	0.12	81.60	0.22	41.4	0.16	1.50	—

由图 2-15 可知，3 种飞灰浸出前后溶液 pH 值的变化规律趋势相似：浸取液的 pH 值在小于 5.3 时，浸出液的 pH 值上升较快，大于 5.3 之后，变化明显减慢。这可能主要与飞灰的缓冲能力有关，飞灰中含有大量的碱性氧化物，当浸出液的 pH 较小，即试样中酸性较大时，可以中和大部分从飞灰中溶出的碱性物质，浸出液的 pH 值变化较小；随着浸取液 pH 值的增大至 5.3，可以中和的酸逐渐减少，浸出液的 pH 值变化稍大；当浸取液 pH 值再大时，其中和能力逐渐消失，浸出液 pH 值主要受飞灰溶出的碱性物质影响，因此变化不大。另外，从图 2-15 还可以看出，在相同 pH 的浸取条件下，当 pH$<$5.3 时，试样 FA2 浸出液的 pH 值最大，当 pH$>$5.3 时，试样 FA1 浸出液的 pH 值最大，3 种试样的浸出液中 FA3 的总是最小，这更好地验证了前面所提到的飞灰中碱性氧化物和酸性氧化物的质量分数对浸出液 pH 值的影响规律。有研究者研究指出 Al 和 Ca 化合物的溶解是飞灰具有缓冲能力的主要因素，在 pH 值较小的情况下，可以中和从飞灰溶出的碱性物质，浸出液 pH 值只是有少量增加，而在 pH 值较大，酸性

较小时，浸出液中和能力下降，浸出液 pH 值主要受飞灰溶出的碱性物质影响，因此浸出液 pH 值变化很小。

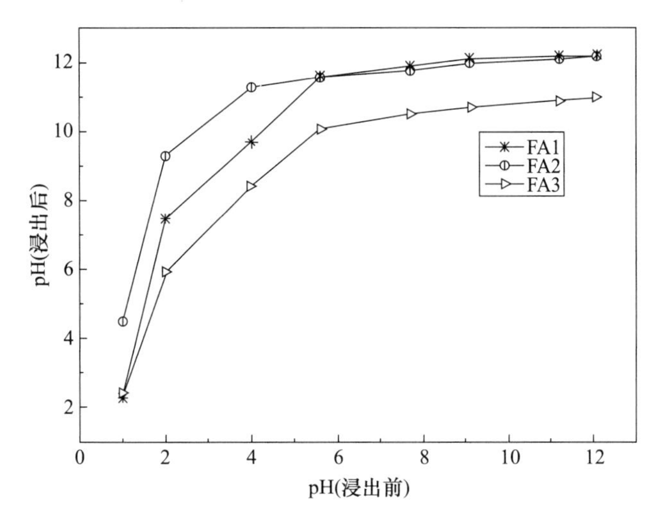

图 2-15　飞灰浸出前后 pH 值变化

2.4　本章小结

（1）城市生活垃圾焚烧飞灰成分相当复杂，其主要成分是 SiO_2、CaO、Al_2O_3 和 Fe_2O_3，其次为 Na_2O、K_2O、MgO，以及大量碱金属氧化物、氢氧化物、氯化物，还含有少量重金属，如 Cd、Cr、Cu、Pb、Zn 等，其中 Pb、Zn 等重金属严重超出危险废物鉴别标准。

（2）焚烧飞灰其粒径一般均不超过 1000μm，3 种焚烧飞灰粒径均呈近似正态分布，飞灰粒径的主要范围在 10～100μm 之间，占 85%以上。

（3）由于城市生活垃圾的地域、成分及焚烧工艺的不同，致使飞灰的熔点也不尽相同。焚烧飞灰熔点受成分的影响最为显著，$SiO_2+Al_2O_3$ 含量的高低直接影响飞灰试样的熔点，3 种焚烧飞灰的熔点由高到低依次为 FA3＞FA2＞FA1。试样 FA3 的熔流点明显高于炉排炉焚烧飞灰 FA1 和 FA2。FA1 的 DT、ST、HT 和 FT 与 FA3 相差约 100℃，其中 FA3 的 FT 温度高达 1300℃。

（4）由 DTA 分析知，焚烧飞灰熔融处理过程为吸热过程，该过程包括两个阶段，前者为晶体物相转变阶段，后者为试样熔融阶段。每个阶段的温度范围、吸收热量及开始熔融反应温度与飞灰成分有着密切关系。

（5）焚烧飞灰由大量的不规则结晶相和非晶相组成，外观上较为松散，呈球状、椭球状或片状层叠在一起，一些颗粒与非晶态基体结合在一起，孔隙率较高，比表面积较大。飞灰 FA1 中颗粒分布较为平均，颗粒粒径以＜50μm 居多，较 FA2 和 FA3 疏松；FA2 和 FA3 中可发现部分粒径在 50～80μm 之间的颗粒。

(6) 飞灰 FA1 主要结晶相为：NaCl、KCl、SiO_2、$CaCO_3$、$CaSO_4$、Ca_2SiO_4以及$Ca_{12}Al_{14}O_{33}$硅酸盐、氧化物及其他复杂化合物。FA2 结晶相可分为 3 类。①氯化物：NaCl、KCl、$CaCl_2$；②$CaCO_3$、$CaSO_4$；③硅酸盐：包括 SiO_2和硅灰石。FA3 中含有 KCl、CaO、NaCl、Fe_2O_3、SiO_2、$CaSO_4$，矿物种类没有 FA1、FA2 复杂，其中的硅酸盐类亦相对较少。

(7) 焚烧飞灰为高浸出毒性的危险废弃物，飞灰的 Cd、Cr、Pb、Cu、Zn 的质量分数均比土壤中高出很多，3 种飞灰中 Pb、Cr，FA1 和 FA2 中的 Zn 的浸出值均超过标准值，须对焚烧飞灰进行稳定化、无害化处理。3 种飞灰浸出前后溶液的 pH 值的变化规律较为接近，浸取液的 pH 值以 5.3 为分界点，pH 值在 5.3 之前，浸出液的 pH 值上升较快，大于 5.3 后，变化明显减慢。

第3章 焚烧飞灰在管式炉中熔融特性及重金属赋存迁移规律

3.1 引言

熔融处理技术是把垃圾焚烧灰渣在1300℃以上的高温状态下熔化成液态，再将液态熔渣经过气冷或水淬处理，产生玻璃态熔渣，该熔渣体积约为原来焚烧灰渣体积的1/3～1/2，且重金属被非常稳定地固溶于玻璃相中，是一种有效的稳定化处理方法。熔融技术具有高温、完全熔融混合反应等优点，灰渣中的二噁英可有效地被分解，灰渣中的重金属在高温熔融状态下可形成稳定的化合物，且由于废气急速冷却，可抑制二噁英的二次合成，熔融后的熔渣可作为建筑和路基材料。因此，灰渣熔融处理技术是灰渣处理再利用的最有潜力的方案。

本章主要针对城市生活垃圾发电厂产生的焚烧飞灰（FA1）在管式炉上进行熔融处理实验研究，探讨了熔融温度、熔融时间、碱基度、添加剂、气氛等因素变化对试样的熔融特性及熔融过程中重金属（Ni、Cr、Cu、As、Cd、Pb、Zn、Hg等）的固溶、挥发特性的影响，为垃圾焚烧飞灰的无害化、减容化、资源化处理技术提供有效的利用途径，以解决城市垃圾焚烧发电厂飞灰所造成的二次污染等问题。

3.2 实验装置及方法

焚烧飞灰熔融实验在如图3-1所示的管式高温加热炉系统上完成。该系统采用902P自动温度调节控制器，能精确控制反应物加热段的温度，系统主要包括熔融炉、温度控制部分、气路和气体收集系统等部分。熔融炉本体水平放置，炉膛内径为80mm，长850mm，采用硅钼棒加热，最大加热功率为15kW，最高加热温度为1600℃。

3.2.1 实验物料

本实验采集的城市垃圾焚烧飞灰为FA1，其基本特性详见第2章。

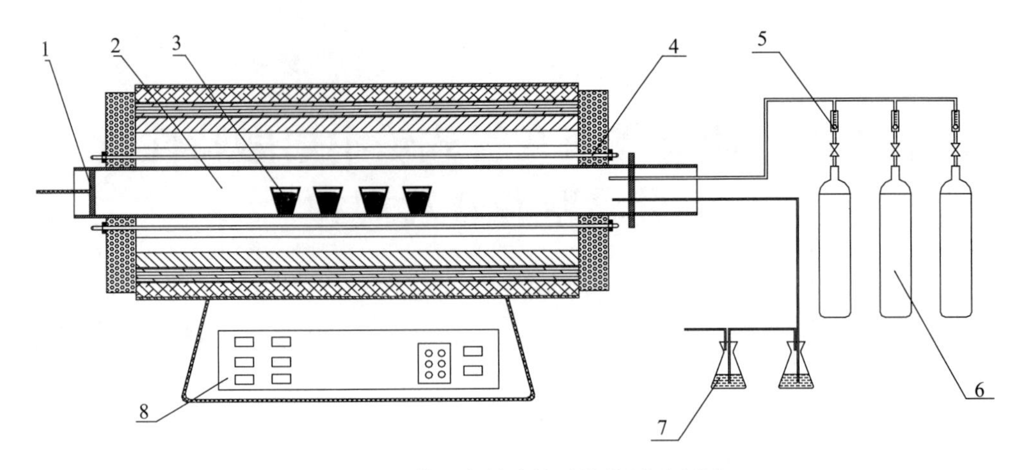

图 3-1　焚烧飞灰管式熔融炉装置示意图

（1—石英管挡板；2—刚玉管；3—坩埚；4—硅钼棒；5—流量计；6—气瓶；7—吸收瓶；8—温控部分）

3.2.2　实验方法

以第 2 章所述的焚烧飞灰 FA1 为研究对象，将试样在（105±1）℃温度下干燥 24h，用 100 目的筛网进行筛分，然后把试样放入干燥器中以备用。用 FA2104 型精密电子天平秤取试样 10g，放入石墨坩埚并置入炉内加热段，启动加热炉，通入不同气氛，其中气氛包括空气气氛、氧化性气氛和还原性气氛，氧化性气氛由 50％的 N_2＋50％的 O_2组成，还原性气氛由 50％的 N_2＋50％的 CO 组成，（考虑到熔融反应温度很高，选取 50％N_2与 O_2、CO 混合，用 N_2作为保护气，目的是防止坩埚或刚玉管与 O_2、CO 发生强氧化、还原反应）。以 100℃ • min^{-1}的升温速率加热至设定温度，并在不同温度下恒温处理，最后在炉中缓慢冷却至室温取出。实验工况的操作参数如表 3-1 所示。

表 3-1　实验工况及相关参数

实验工况	反应物料	熔融温度（℃）	反应时间（min）	样重（g）	气氛	气流量（mL • min^{-1}）
Run 1	飞灰	1400	30	10	空气	200
Run 2	飞灰	1400	60	10	空气	200
Run 3	飞灰	1400	90	10	空气	200
Run 4	飞灰	1400	120	10	空气	200
Run 5	飞灰	1100	90	10	空气	200
Run 6	飞灰	1200	90	10	空气	200
Run 7	飞灰	1300	90	10	空气	200
Run 8	飞灰＋5％SiO_2	1400	90	10	空气	200
Run 9	飞灰＋10％SiO_2	1400	90	10	空气	200
Run 10	飞灰＋15％SiO_2	1400	90	10	空气	200

续表

实验工况	反应物料	熔融温度（℃）	反应时间（min）	样重（g）	气氛	气流量（$mL \cdot min^{-1}$）
Run 11	飞灰+20%SiO_2	1400	90	10	空气	200
Run 12	飞灰+25%SiO_2	1400	90	10	空气	200
Run 13	飞灰+5%Al_2O_3	1400	90	10	空气	200
Run 14	飞灰+10%Al_2O_3	1400	90	10	空气	200
Run 15	飞灰+15%Al_2O_3	1400	90	10	空气	200
Run 16	飞灰+20%Al_2O_3	1400	90	10	空气	200
Run 17	飞灰+25%Al_2O_3	1400	90	10	空气	200
Run 18	飞灰+5%CaO	1400	90	10	空气	200
Run 19	飞灰+10%CaO	1400	90	10	空气	200
Run 20	飞灰+15%CaO	1400	90	10	空气	200
Run 21	飞灰+20%CaO	1400	90	10	空气	200
Run 22	飞灰+25%CaO	1400	90	10	空气	200
Run 23	飞灰（碱基度 0.5）	1400	90	10	空气	200
Run 24	飞灰（碱基度 0.75）	1400	90	10	空气	200
Run 25	飞灰（碱基度 1.0）	1400	90	10	空气	200
Run 26	飞灰（碱基度 1.25）	1400	90	10	空气	200
Run 27	飞灰（碱基度 1.5）	1400	90	10	空气	200
Run 28	飞灰（碱基度 1.75）	1400	90	10	空气	200
Run 29	飞灰（碱基度 2.0）	1400	90	10	空气	200
Run 30	飞灰	1100	90	10	50%N_2+50%O_2	200
Run 31	飞灰	1200	90	10	50%N_2+50%O_2	200
Run 32	飞灰	1300	90	10	50%N_2+50%O_2	200
Run 33	飞灰	1400	90	10	50%N_2+50%O_2	200
Run 34	飞灰	1100	90	10	50%N_2+50%CO	200
Run 35	飞灰	1200	90	10	50%N_2+50%CO	200
Run 36	飞灰	1300	90	10	50%N_2+50%CO	200
Run 37	飞灰	1400	90	10	50%N_2+50%CO	200

3.2.2.1　扫描电镜（SEM）分析测试方法

扫描式电子显微镜为 JSW-5610LV 型，将熔融后的试样放在玛瑙研钵中捣成块状颗粒，并将其固定在金属圆盘上进行喷金处理。加速电压：15kV；放大倍数：×500，×1500，×5000；焦点距离：10～15mm。

3.2.2.2　重金属分析测试方法

重金属总量消化分析及测试方法：参照 USEPA SW846-3050b，详见第 2 章。

3.3 实验结果分析与讨论

3.3.1 不同因素对焚烧飞灰熔融特性的影响

3.3.1.1 熔融温度对焚烧飞灰熔融特性的影响

熔融温度对焚烧飞灰的熔融效果有显著的影响，不同的熔融温度使飞灰熔融产物的物理化学性质有很大差异。当熔融温度过低时无法达到飞灰的熔点，飞灰试样将不会熔融，温度过高将造成能源浪费；另外，熔融温度对熔融体的黏度也有影响，即随着温度的增高，黏度降低，飞灰更容易达到完全熔融的效果。

3.3.1.1.1 熔融温度对灼烧减量变化率的影响

熔融温度对焚烧飞灰灼烧减量的影响如图 3-2 所示。飞灰中存在大量易挥发性碱金属氯化物、碳酸盐、硫酸盐、重金属 Pb、Cd、Zn 等以及它们的化合物；在空气中，其他高熔点的化合物（如 SiO_2、CaO 和 Al_2O_3）及新生成的结晶相，均匀分布在熔融体中。由图 3-2 可知，熔融温度在 1200℃时，飞灰试样的灼烧减量变化率达到最低，质量分数为 27.5%，而在熔融温度为 1400℃时灼烧减量变化率升至最高，质量分数达 68.3%，且在后 40min 内保持恒重，说明在该温度下试样已经达到完全熔融。与其他温度条件相比，温度为 1200℃时，试样的灼烧减量变化率明显减少，是由于在该温度下熔融体中有硅酸盐、硅铝酸盐类生成，限制了挥发性物质的析出。Steiner 等研究表明：在 1200℃条件下，由于飞灰中 14%的无机物转变为盐层，其挥发量仅有 19%，而在 1300℃时，由于没有新的无机盐层对挥发性氯盐的限制，飞灰的挥发量达到 44%。当熔融温度超过 1200℃时，灼烧减量呈上升趋势，碱金属硫酸盐发生反应使部分氯盐和一些金属化合物易挥发到气相中，飞灰熔融试样质量大量减少。

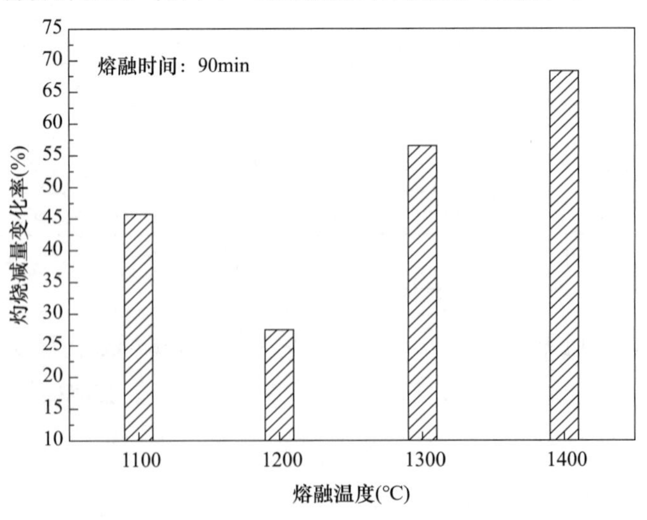

图 3-2 熔融温度对飞灰灼烧减量变化率的影响

3.3.1.1.2　熔融温度对焚烧飞灰熔融特性的影响

图3-3给出了飞灰FA1熔融处理前的SEM照片，由SEM照片观察显示，飞灰试样的粒径分布极少超过100μm，结构较松散，且组成复杂，以结晶相结构居多。

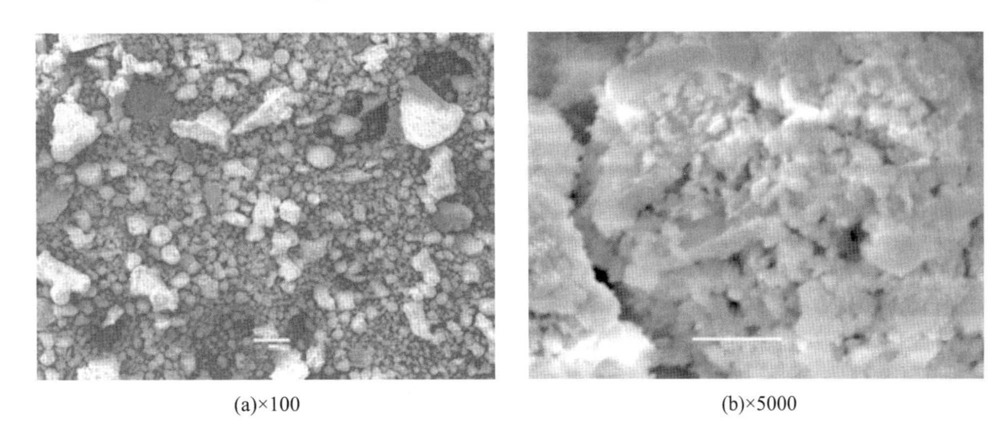

(a)×100　　(b)×5000

图3-3　城市生活垃圾焚烧飞灰FA1熔融处理前的SEM照片

将飞灰在1100℃、1200℃、1300℃、1400℃下进行熔融处理90min，其SEM照片如图3-4所示。图3-4（a）中可看到明显的晶体，说明试样在该温度下未达到飞灰的熔流点，仅发生烧结反应（sintering action），形成易脆的烧结体，由外观判断试样还未熔融。由于飞灰中含有部分焚烧时未完全分解的$MgCO_3$和$CaCO_3$，二者在500～900℃温度范围发生分解反应，生成的CO_2气体从试样中逸出，使烧结体内部结构变得疏松。由图3-4（b）可知，试样的表观结构粗糙且断面有少量的光泽产生，说明在1200℃下有部分试样发生熔融反应；通过SEM观察，有明显的晶体相，且部分晶体粒径比图3-4（a)中的小，表明此时晶体相已发生转变。同时发现试样表面有孔径不一的微孔产生，这是由于试样内部结构发生鼓泡，在熔融过程中碱金属硫酸盐分解而逸出SO_2气体，从而产生微小气孔。图3-4（c）中的全部晶体均已变小，试样的外表面已完全熔融，但其内部仍有少量未熔融转变成玻璃相。由图3-4（d）知，试样已完全达到熔融效果，其表观结构光滑、质地坚硬，但较脆；从外观上看有浅白色光泽产生且无明显孔隙，但在放大5000倍后，发现表面有少数微小的凹环状气孔产生，这是由于在高温过程中所产生的气体SO_2从试样中逸出后所产生气孔，随着温度的继续升高，气孔逐渐变小，最终形成凹陷区域直至消失；另一种原因是一些低沸点金属挥发所致。比较图3-4（b）和图3-4（d），发现图3-4（d）中的晶粒平均直径较小，是由于在熔融温度高于1300℃时，飞灰的玻璃化速度高于晶体增长速度，试样多转化为玻璃态，限制了晶粒的增长。

3.3.1.1.3　焚烧飞灰熔融前后矿物特性分析

飞灰熔融前试样的XRD图谱见图3-5（a）。未经熔融处理的试样是由许多复杂结晶相组成，主要结晶相为：NaCl、KCl、SiO_2、$CaCO_3$、$CaSO_4$、Ca_2SiO_4以及$Ca_{12}Al_{14}O_{33}$。

结合 SEM 分析照片进行比较，可以判定飞灰中的主要物质为硅酸盐、氧化物及其他复杂化合物，XRD 分析出的晶体化合物元素组成包含在 XRF 分析的结果中，说明飞灰中确实存在这几种结晶相。

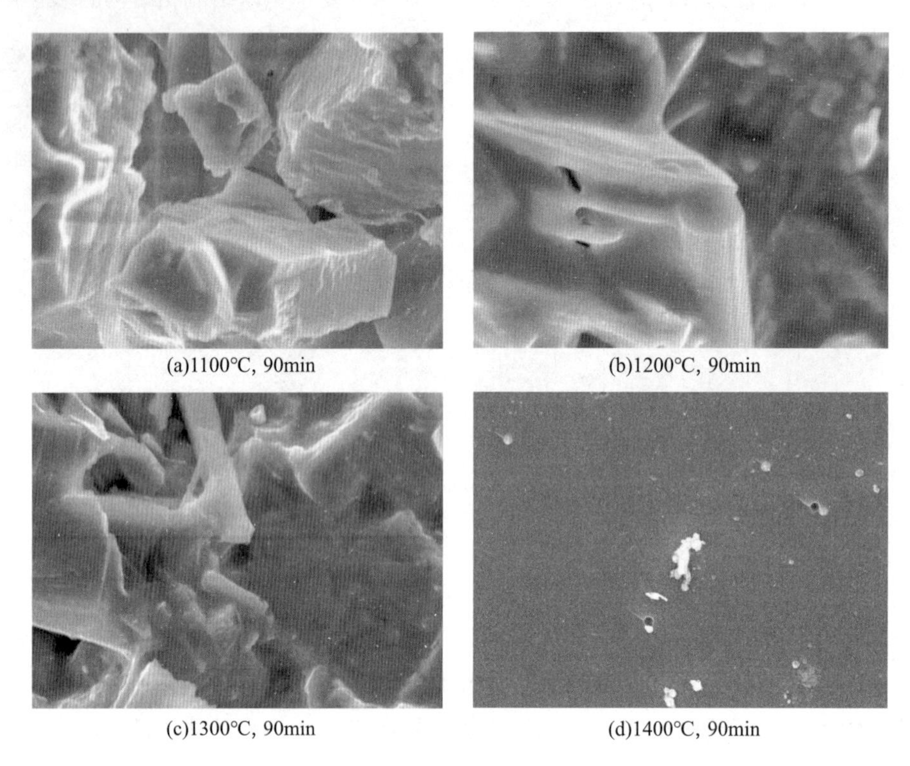

图 3-4　焚烧飞灰 FA1 在不同温度下经熔融处理后的 SEM 照片（×5000）

图 3-5（b）为飞灰经过 1400℃熔融处理后试样的 XRD 图谱。由分析结果可知，熔融后的试样中 CaS 和钙黄长石（$Ca_2Al_2SiO_7$）为主要结晶相，其次还有 CaO、$CaAl_2SiO_8$、$CaSiO_3$、Ca_2SiO_4和透灰石（$CaMgSi_2O_6$）等。熔融体中的晶体成分较未经处理的飞灰更为复杂，主要是因为一些硅酸盐类矿物质和金属氧化物在高温下熔融时的复杂行为所致。

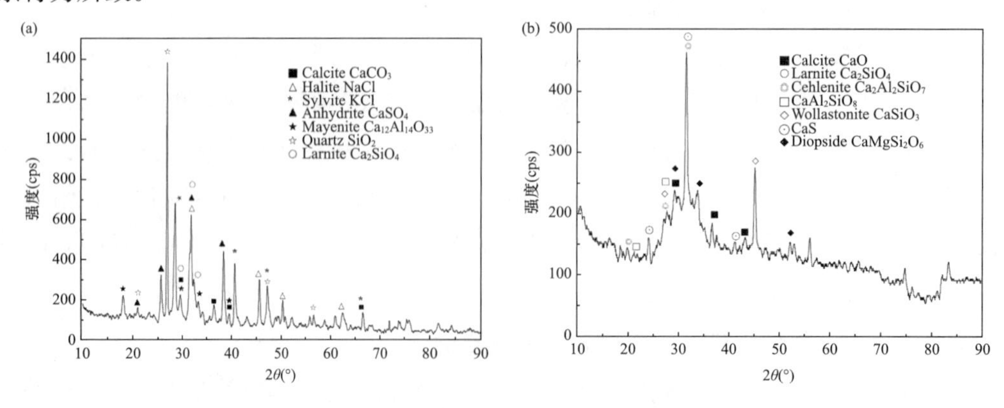

图 3-5　飞灰熔融处理前后的 XRD 衍射图谱

3.3.1.2　熔融时间对焚烧飞灰熔融特性的影响

3.3.1.2.1　熔融时间对灼烧减量变化率的影响

在飞灰熔融试验中，由于熔融时间的不同，会使熔融后的试样成分发生改变，灼烧减量有所差异。若熔融时间充足，可以使飞灰在高温下达到完全熔融的效果；若熔融时间过短，则会使反应进行得不彻底，导致生成的晶体和化合物的种类亦有所差异。熔融时间对飞灰灼烧减量变化率有显著影响，熔融时间越长，飞灰的灼烧减量变化率越大；因为在高温条件下较长时间的熔融使飞灰完全形成液态的熔流，挥发性物质充分释放出来，最终飞灰的灼烧减量变化变化率较大。但是若任意延长熔融时间，一方面会减少飞灰的处理能力，另一方面会消耗大量的能源。因此，需要通过实验来确定适当的熔融时间。

由图 3-6 可知，随着熔融时间的延长，飞灰 FA1 的灼烧减量变化率均呈先快后慢增长趋势，最终趋于平缓。试样在 30～60min 内灼烧减量变化率上升较快，主要是由于易挥发分解的物质（如：氯化物和 $CaCO_3$ 等）在这一段时间内发生分解的缘故；90min 后灼烧减量变化率基本趋于平缓，灼烧减量随时间增加基本上趋于不变，说明飞灰试样在 90min 里已经熔融完全，考虑到能耗情况，熔融时间设定为 90min。在高温条件下，飞灰中的无机物分解及残留的部分未燃尽物的氧化，将造成熔融后的熔渣质量变化。同时，随着温度的升高，在无机物分解的过程中气体的挥发，孔隙率的降低，熔融后的熔渣与飞灰的原始体积相比大大减少。

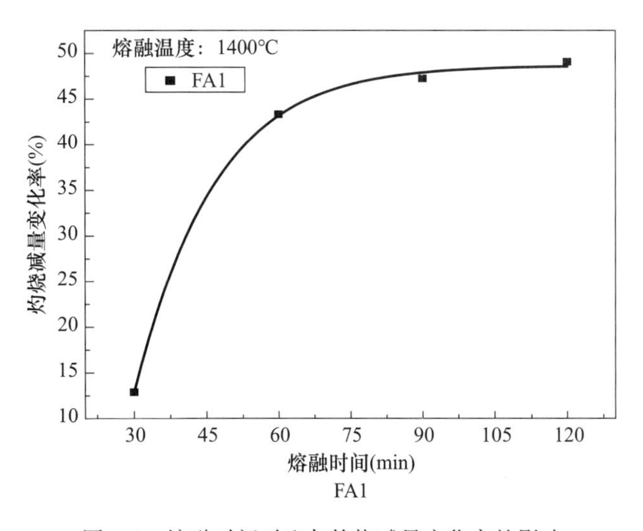

图 3-6　熔融时间对飞灰灼烧减量变化率的影响

3.3.1.2.2　熔融时间对飞灰熔融特性的影响

图 3-7 给出了焚烧飞灰在不同时间下经熔融处理后的 SEM 照片。当飞灰试样在 1400℃条件下熔融 30min 时，试样虽已熔融为一体，但从 SEM 照片上仍可看到块状晶体被玻璃态熔渣所包围；继续延长熔融时间时发现，试样断面部分变得平整，另一部

分呈现出不规则状突起；试样熔融 90min 后，断面明显变得光滑平整，基本上完全熔融；若熔融时间达到 120min 时，试样已完全熔融，内部空隙及颗粒物均消失，试样断面出现梳状条纹，是由于试样熔融后变得脆硬。

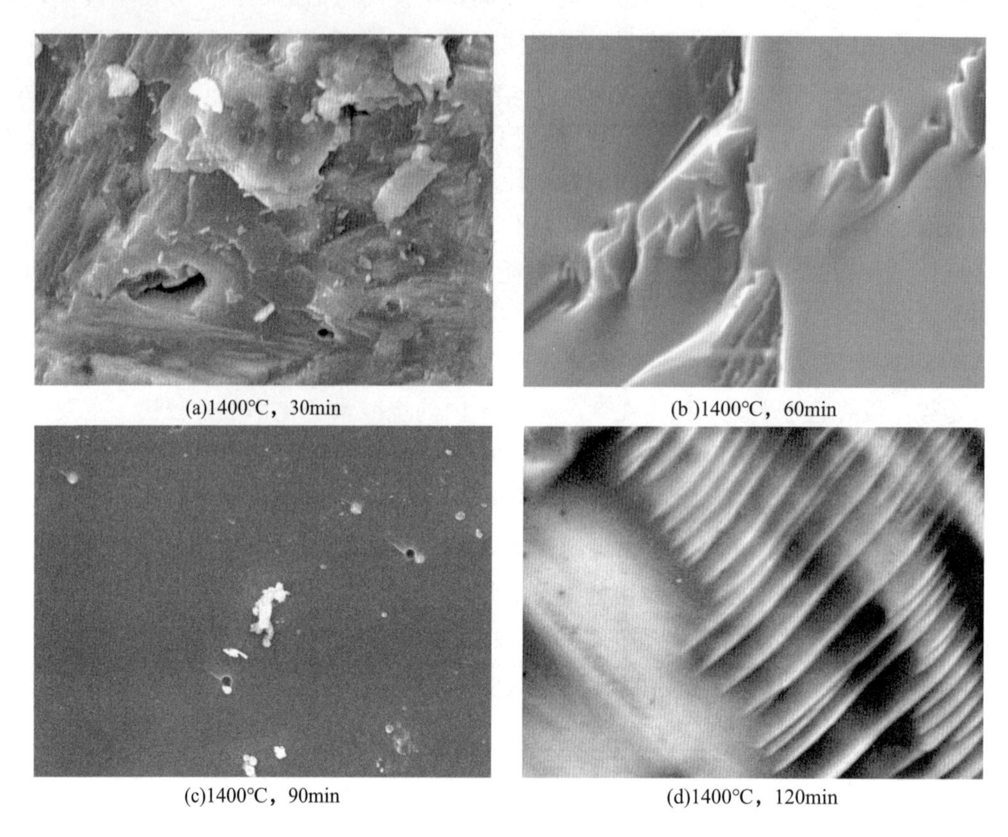

(a)1400℃，30min　(b)1400℃，60min

(c)1400℃，90min　(d)1400℃，120min

图 3-7　焚烧飞灰在不同时间下经熔融处理后的 SEM 照片（×5000）

3.3.1.3　固体添加剂对焚烧飞灰熔融特性的影响

3.3.1.3.1　试样灼烧减量变化

不同添加剂含量对试样灼烧减量变化率的影响如图 3-8 所示。当飞灰试样中 SiO_2 的添加比例由 5%升至 25%时，其灼烧减量呈先减后增的趋势。实验发现在飞灰中添加 SiO_2 时，试样的减容比和熔融效果均优于其他两种氧化物，且熔融体断面有明显的玻璃光泽，表面较平整，孔隙较少，有颗粒状突起。Al_2O_3 与 CaO 对飞灰灼烧减量的影响规律相似，且总体上较 CaO 明显，在添加量较低的情况下（5%），Al_2O_3 的影响与其他两种添加剂相比较小，说明 Al_2O_3 在飞灰熔融过程中可抑制化合物的挥发和分解。当 CaO 的添加比例为 5%或 25%时，灼烧减量变化率较大，说明飞灰样品中 CaO 含量过高或过低时对熔融过程中重金属的挥发有促进作用，相反添加比在 10%～20%之间时，灼烧减量变化率趋于稳定，此时对碱金属化合物及重金属的挥发有抑制作用。

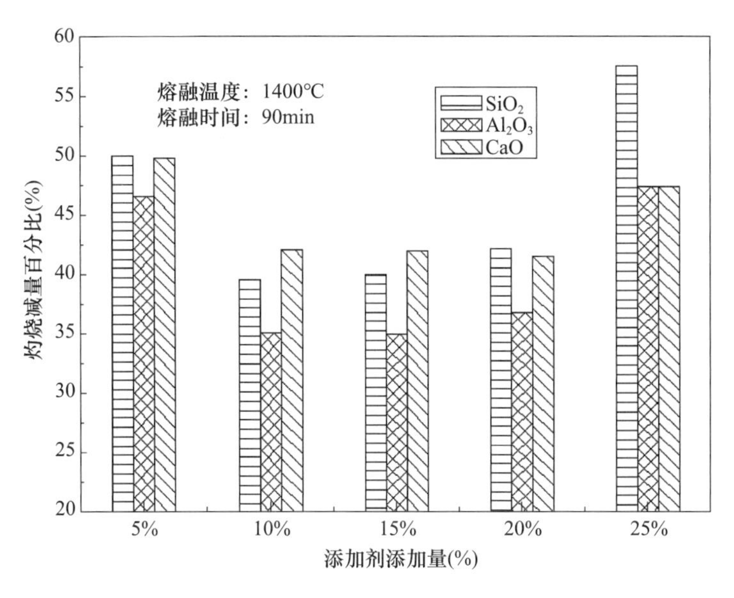

图 3-8　不同添加剂含量对试样的影响

3. 3. 1. 3. 2　试样的微观形貌分析

图 3-9 为掺有不同添加剂的飞灰试样熔融后的 SEM 照片。由图 3-9 可知，飞灰中加入不同种类 15％的氧化物后，试样的熔融效果有明显不同，通过 5000 倍放大后发现，添加 SiO_2 的试样中有 0. 5μm 左右的圆孔生成，熔融效果较好；生成微孔的原因是由于试样中盐类的分解及碱金属化合物的挥发所致。此外，SiO_2 含量的增加，使熔融试样的黏度提高，从而降低了熔液的流动特性。根据江康钰对污泥及焚烧灰渣熔融处理的研究结果显示，熔流点与焚烧灰渣的碱基度有关。试样中 SiO_2 的添加使碱基度 B（$B=CaO/SiO_2$）逐渐减小，致使熔融反应的温度降低，在熔融温度下与其他元素反应形成硅酸盐类物质，熔融后具有较高黏性；CaO 试样中存在较多层状、片状晶体，不规则地层叠在一起，平均粒径尺寸在 1～3μm 之间，熔融效果不很理想，主要是因为加入 CaO 提高了试样的碱基度，从而使熔流点提高，不易形成较好的熔融效果；当飞灰中添加 15％的 Al_2O_3 时，熔融试样生成的多为棒状、柱状晶体，熔融效果介于其他两种试样之间，主要因为氧化铝的熔点较高，且其酸碱度接近中性，不能使碱基度降低，在熔融反应过程中很难达到完全熔融。

由图 3-10 可知，随着 SiO_2 含量的增加，飞灰试样的熔融效果变化明显，当加入 25％的 SiO_2 时，熔融试样的碱基度显著降低，试样的熔融效果更易达到最佳，熔融体中几乎没有微孔生成，晶体之间的圆形微孔均被硅酸盐液态的熔渣填满，形成玻璃态熔融体，表面有条状凹凸相间的斜纹产生。同时也说明随着 SiO_2 含量的增加，试样内部的微孔被液态的黏滞熔流填满，试样本身的致密化程度也有所增加，孔隙率降低，试样体积也将收缩变小，飞灰试样更易达到较好的熔融效果。但不能过分提高 SiO_2 的含量，将会使熔融试样的黏度和硬度大大降低。

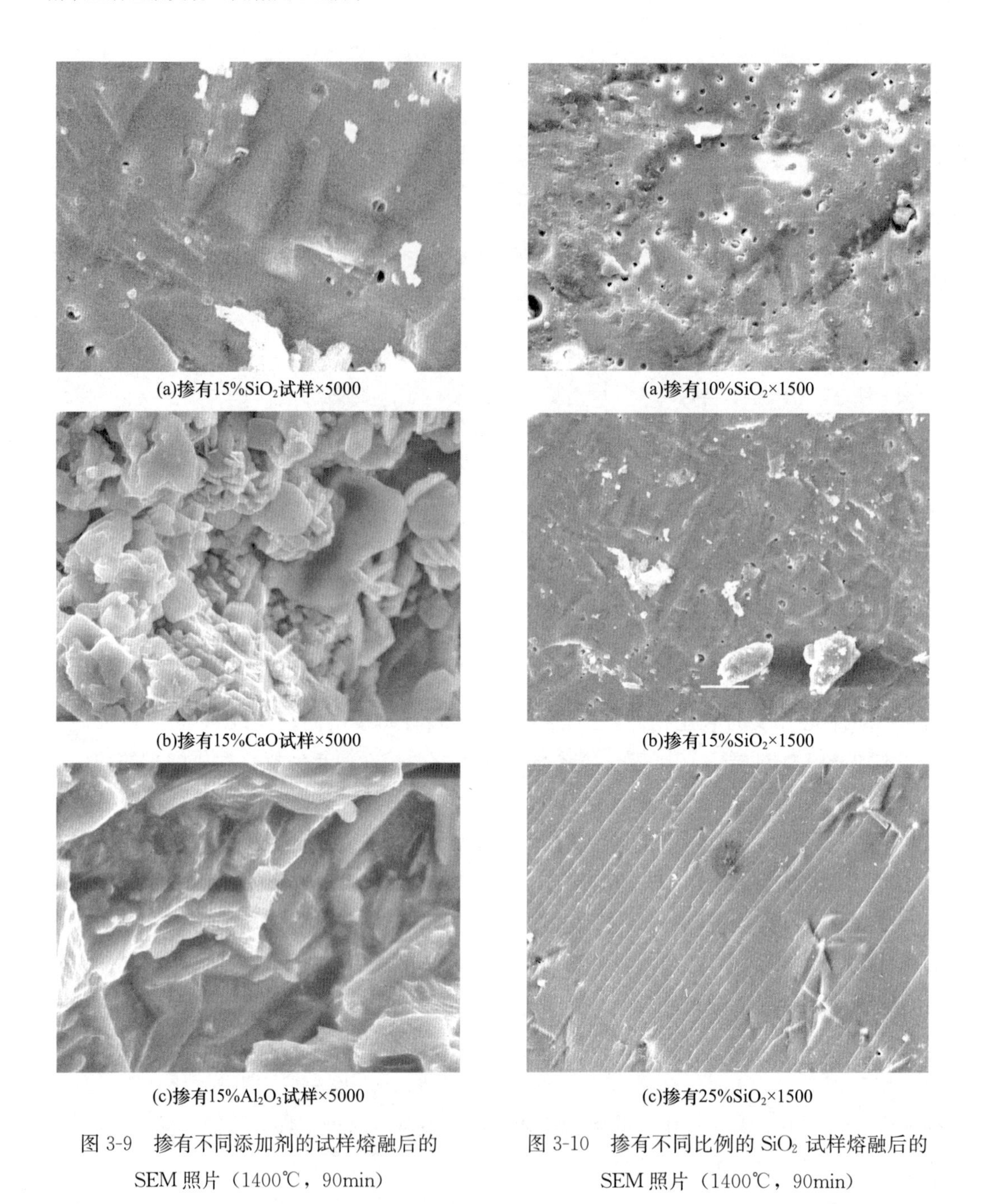

(a)掺有15%SiO_2试样×5000

(b)掺有15%CaO试样×5000

(c)掺有15%Al_2O_3试样×5000

图 3-9 掺有不同添加剂的试样熔融后的SEM照片（1400℃，90min）

(a)掺有10%SiO_2×1500

(b)掺有15%SiO_2×1500

(c)掺有25%SiO_2×1500

图 3-10 掺有不同比例的 SiO_2 试样熔融后的SEM照片（1400℃，90min）

3.3.1.4 SiO_2对焚烧飞灰熔融特性的影响

飞灰中添加SiO_2使试样碱基度逐渐减小，致使熔融反应的温度降低，在熔融过程中SiO_2与其他元素反应形成硅酸盐类物质，熔融后具有较高黏性。由图 3-11 可知，当飞灰中添加 5%的 SiO_2时，熔融试样断面形成较多 3～5μm 的微孔，均匀分布，它们为 SO_2、CO_2及挥发性氯化物等气体的散逸提供了通道。此时，试样的黏流性也较差，不能够填充气体挥发所遗留的微孔。随着 SiO_2 含量的升高，试样断面的微孔孔径由 3～5μm 减小至 1～2.5μm，见图 3-11（b）。这是由于是 SiO_2 添加量的增加会使试样的熔流点降低，在相同熔融温度下使试样的流动性提高，从而填充微孔使其变小。当 SiO_2 含量达到 15％时，微孔基本消失，但仍可看到多数颗粒在高温下相互黏结并聚成大块，表面带有明显的胀大、熔融及气孔消失的痕迹。其断面虽有些不平整，但结构变得较为致密。当 SiO_2 添加剂掺入量超过 20％时，熔渣断面平整且结构致密，呈细条纹状，表面无任何孔隙，说明熔渣基本上完全熔融，所有易挥发、分解的化合物均已结束反应，熔渣中硅酸盐化的气固反应产物与玻璃态熔渣等已经完全溶为一体[见图 3-11（d）（e）]。

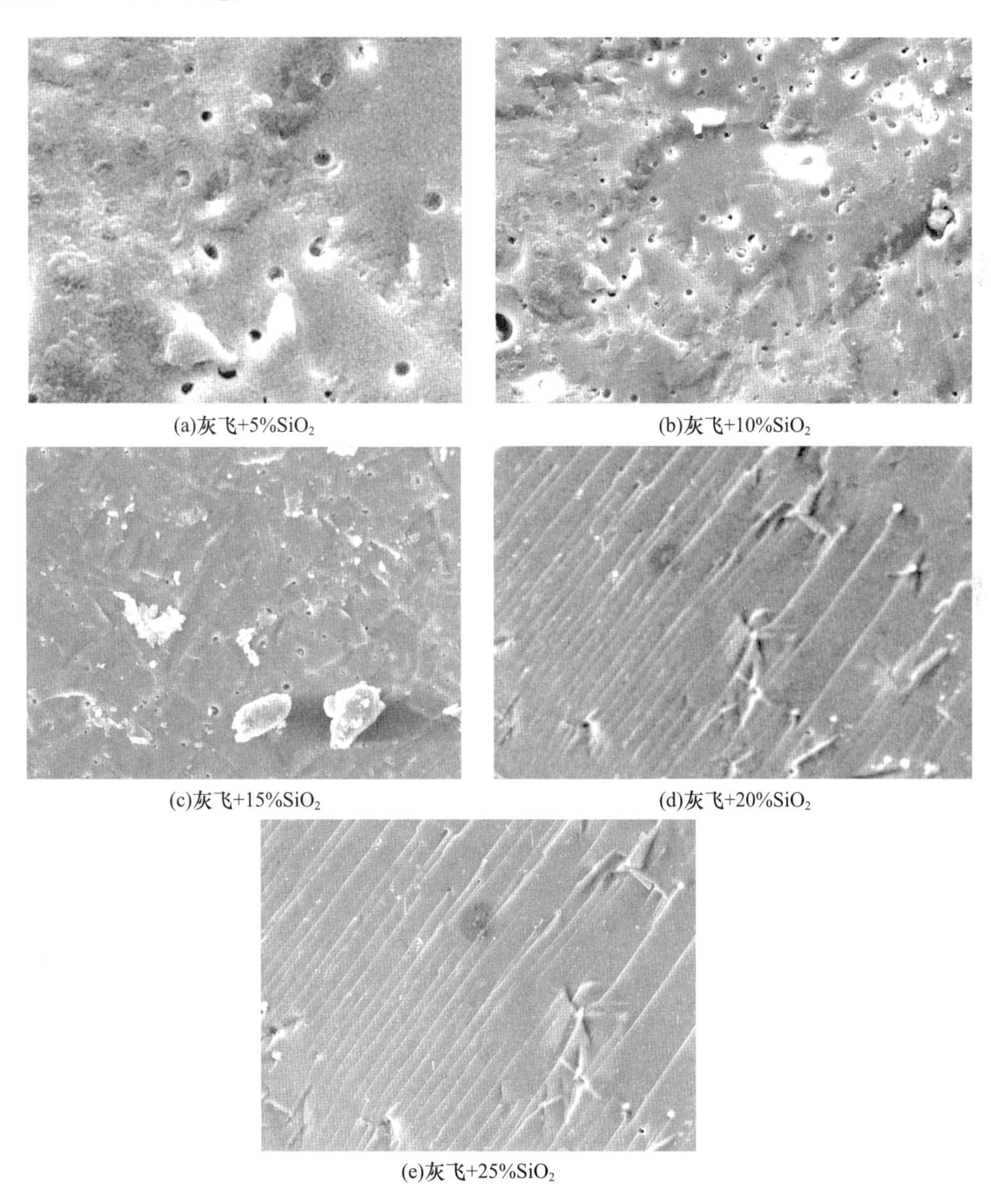

(a)灰飞+5%SiO_2　(b)灰飞+10%SiO_2

(c)灰飞+15%SiO_2　(d)灰飞+20%SiO_2

(e)灰飞+25%SiO_2

图 3-11　焚烧飞灰加入不同比例 SiO_2 经熔融处理后熔融产物的 SEM 照片（×1500）

（熔融温度：1400℃，熔融时间：90min）

3.3.1.5 气氛对焚烧飞灰熔融特性的影响

为了进一步了解不同气氛条件对飞灰熔融机理的影响，对熔渣断面的微观形貌进行了分析。图 3-12 为不同气氛条件下熔融反应前后焚烧飞灰试样的 SEM 照片。由图 3-12 可知，飞灰熔融处理前颗粒多以<40μm 的椭球状、团状、树枝状或不规则状存在。当飞灰试样受热熔融时，由于在熔融过程中有较多晶体产生，有些结晶水仍保存在晶格中，尤其在还原性气氛下，试样中矿物组成的熔融作用大于其分解作用而形成玻璃相，使试样达到更好的熔融效果。熔融处理后，试样中的玻璃相呈黏滞性熔流状，随着易挥发性金属化合物的逸出，以及一些氯化物、碱金属化合物的分解，使熔液自动填满了挥发分解后所留下的气孔，致使试样气孔完全消失，试样内部结构变得更加紧凑而致密，最后达到完全熔融。

对比不同气氛下飞灰熔融前后的 SEM 照片发现，气氛条件对熔融处理有显著影响。一方面，还原性气氛下的熔融效果明显优于氧化性气氛，熔渣断面的气孔明显少于氧化性气氛下，且表面较氧化性气氛下熔融的平整，是由于还原性气氛更有利于氯化物和碱金属化合物的挥发分解；另一方面，在还原性气氛下，重金属的挥发率也高于氧化条件。因此，该条件下熔融后的熔渣较氧化性气氛致密，结构更紧凑，几乎没有未挥发完全的重金属或其化合物遗留下来的气孔。

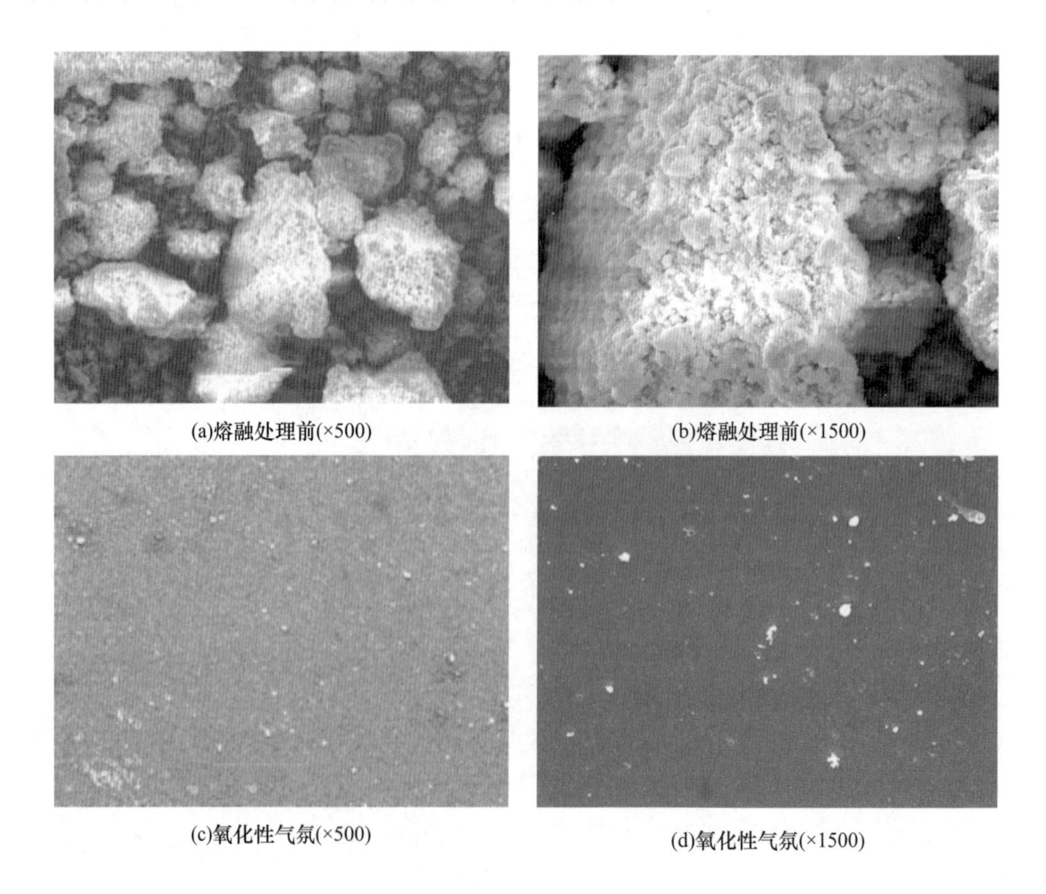

(a)熔融处理前(×500)　(b)熔融处理前(×1500)

(c)氧化性气氛(×500)　(d)氧化性气氛(×1500)

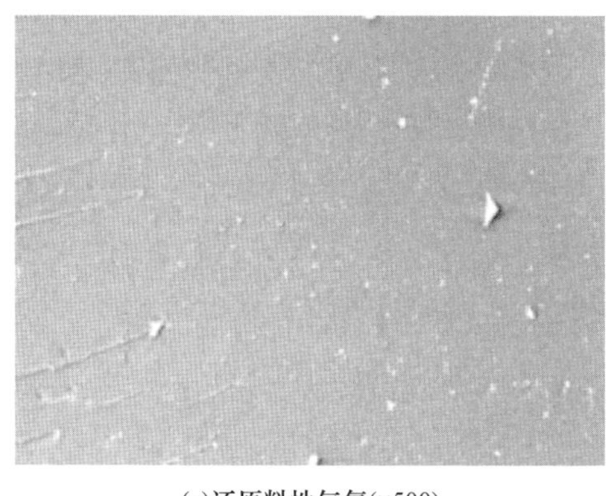
(e)还原料性气氛(×500)

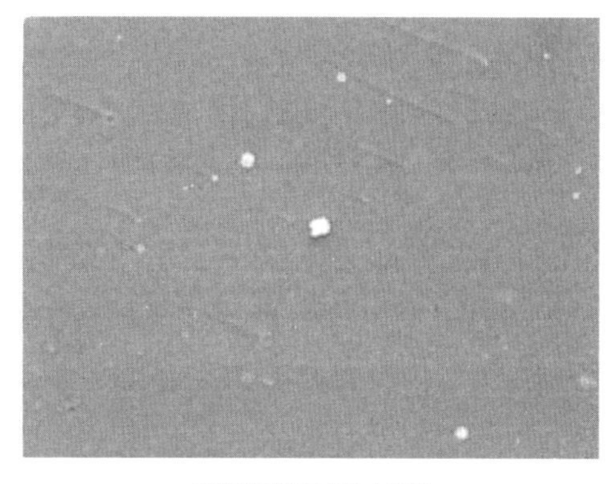
(f)还原性气氛(×1500)

图 3-12　焚烧飞灰不同气氛下经熔融处理后的 SEM 照片（1400℃，90min）

3.3.2　不同因素对焚烧飞灰熔融过程中重金属行为的影响

3.3.2.1　熔融温度对飞灰熔融过程中重金属行为的影响

为了更清晰地表示熔融前后重金属分布特性，为此对各种重金属元素的变化采用固溶率和挥发率来表示，如式（3-1）、式（3-2）所示：

$$R_f=\frac{c_a\times m_a}{c_b\times m_b}\times 100\% \tag{3-1}$$

$$R_v=\left[1-\frac{c_a\times m_a}{c_b\times m_b}\right]\times 100\% \tag{3.2}$$

式中，R_f 表示固溶率，%；R_v 表示挥发率，%；c_a 表示重金属在熔融产物中的浓度，$mg\cdot kg^{-1}$；m_a 表示熔融产物的质量，kg；c_b 表示重金属在熔融前试样中的浓度，$mg\cdot kg^{-1}$；m_b 表示熔融前试样的质量 kg。

为了研究重金属固溶率对熔融温度的依附关系，本实验设定的熔融温度分别为：1100℃、1200℃、1300℃、1400℃进行研究，熔融时间为 90min，对重金属固溶率的影响结果如图 3-13 所示。

由图 3-13 可见，试样在空气气氛下熔融后，高沸点重金属 Ni、Cr 几乎全部固溶在熔渣中，在较低熔融温度下，Ni 和 Cr 的固溶率最高分别达到 128%和 108%；在 1100～1200℃温度区间，Ni、Cr、Cu、As 的固溶率均随熔融温度的升高而增加，Cu 的固溶率随温度升高略有增加，As 的固溶率则比 Cu 升高得快，表明在该区间熔融温度对 Cu 的固溶影响较小。熔融温度超过 1200℃后，Ni、Cr 的固溶率呈下降趋势，Cu、As 的固溶率均快速减少，说明熔融温度对 Cu、As 的固溶率影响较 Ni、Cr 显著，熔融温度过高时，迫使 Cu、As 的化合物挥发，从而使二者的固溶率降低。这是由于固态熔融产物中的无机物在 1100～1200℃范围内发生反应转化为盐层，生成大量的 Ca_2SiO_4 晶体，盐层的出现对重金属及其挥发性氯化物的挥发有抑制作用，同时部分重金属离子取代硅酸盐类中的 Ca^{2+}、Al^{3+} 而被固溶在硅酸盐网状基体当中，从而使固溶率增加，甚至高达128%。1200℃后，盐层发生转变分解，对重金属挥发的抑制随即消失，熔融试样的孔隙率明显减小，变得更加致密、均匀，使试样中的碱金属与硫酸盐有更充足的机会发生反应，故试样中重金属的挥发率增加，固溶率降低。若从降低飞灰中重金属的毒性角度考虑，熔融温度在1200℃时是最佳温度点，此时重金属的固溶率达到最高，且熔融温度过高（1300℃以上）将导致固溶率减少，但温度过低则不能达到较好的熔融效果，熔渣的再利用价值大大降低，这就要求添加适量的添加剂来调整飞灰的熔点。

重金属分布机理与其沸点有关，低沸点重金属（如：Cd、Pb、Hg）多在焚烧过程中挥发，凝结后并附着在飞灰颗粒表面，故飞灰试样经加热后低沸点重金属极易挥发。由图3-14可知，对重金属挥发率排序：Pb＞Cd＞Hg＞Zn。在1100～1400℃温度条件下，低沸点重金属Cd、Pb、Hg的挥发率均超过95%以上，表明熔融温度是控制低沸点重金属排放的主要参数。熔渣中残余的少量重金属，这是由于高挥发性重金属发生了化学反应，生成沸点较高的重金属化合物。重金属Pb在所有元素中挥发率最高，当熔融温度高于950℃（$PbCl_2$的沸点）时，Pb以$PbCl_2$的形式已大量挥发，而PbO的沸点为1470℃高于实验熔融温度，熔渣中含有少量Pb多为PbO或Pb与硅酸盐形成的复杂化合物。由于在大型垃圾焚烧炉中含有大量的氯盐和HCl，Hg一般多以$HgCl_2$的形态存在，而飞灰中的Hg在熔融过程中多以Hg和$HgCl_2$形式挥发。Zn在1200℃时挥发率最低，主要是因为接近完全熔融状态时，熔融后的产物变为液态熔渣，使试样的孔隙率大大减少，熔融产物变得更加均匀，新产生的晶体也趋于有序，且在熔融过程中生成Zn_2SiO_4和$Zn_2Al_2O_4$，抑止了Zn及其化合物的挥发。此外，重金属的挥发率与其化合物的蒸气压也有关。

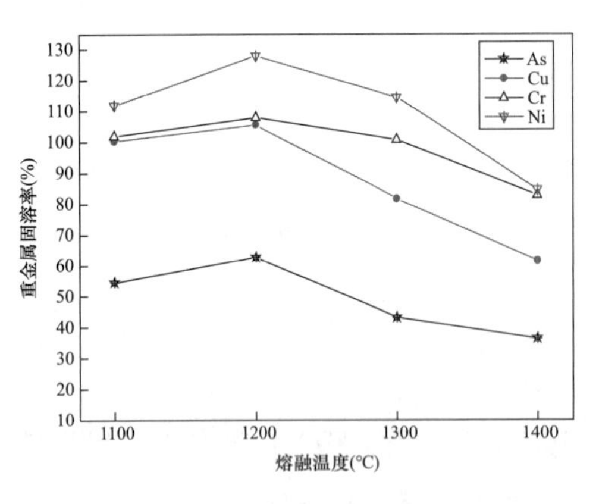

图3-13　熔融温度对重金属固溶率的影响（90min）

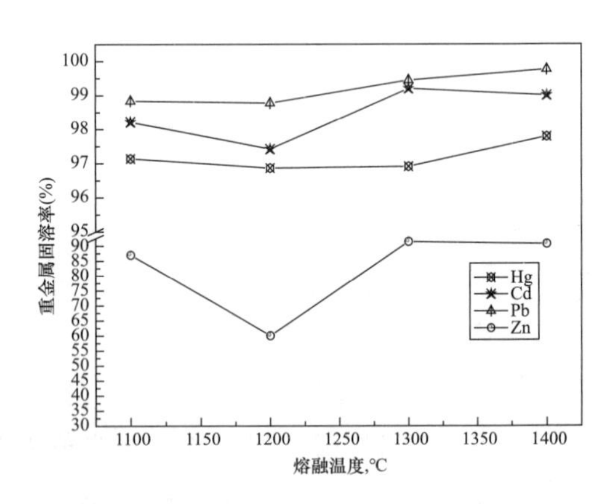

图3-14　熔融温度对重金属挥发率的影响（90min）

3.3.2.2　熔融时间对飞灰熔融过程中重金属行为的影响

为了深入了解熔融时间对重金属固溶、挥发行为的影响，在测定熔融时间对重金属分布影响时，考虑到使飞灰达到完全熔融的效果，且使实验更有可比性，实验将熔融温度设定为1400℃，因为在该温度下飞灰完全熔融，转变为液态熔流。通过对重金属在同一熔融温度不同熔融时间下进行熔融处理实验，结果如图 3-15、图 3-16 所示。

图 3-15 给出了在不同熔融时间下熔融处理后重金属固溶率变化结果。可以看出，Ni、Cr 的固溶率均随熔融时间延长而升高，Ni 的固溶率在 90min 后基本保持不变，Cr 在熔融 60min 后固溶率就趋于恒定。As、Cu 的固溶率则与熔融时间呈先增后减趋势，二者在 60min 后固溶率均显著降低，但在 90min 后保持稳定。熔融时间超过 60min 后，有利于提高 Ni、Cr 的固溶率，与之相对应的是，对 Cu、As 的固溶有负面影响。

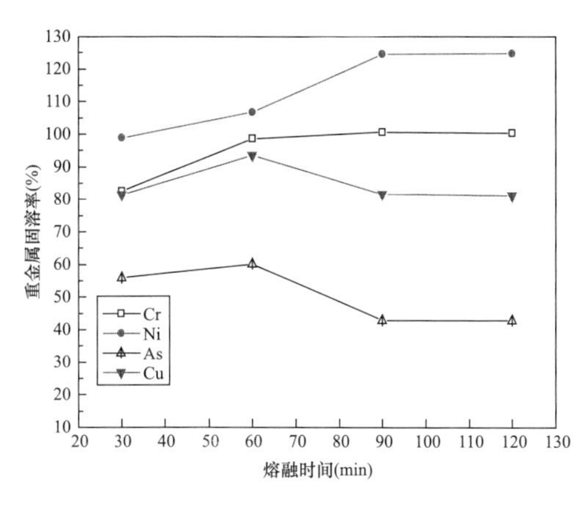

图 3-15　熔融时间对重金属固溶率的影响（1400℃）

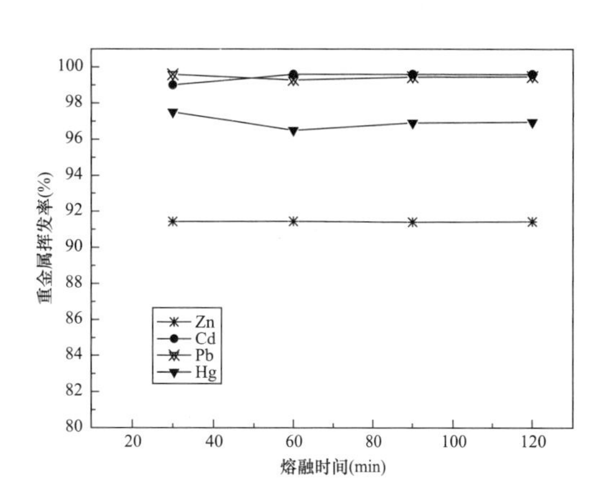

图 3-16　熔融时间对重金属挥发率的影响（1400℃）

飞灰中 Zn、Pb、Cd、Hg 的挥发率对熔融时间变化并不敏感，Zn、Pb、Cd、Hg 在熔融 30min 内均有大量挥发，熔融时间变化对它们挥发率的影响甚微，如图 3-16 所示。由于 Pb、Cd、Hg 属于易挥发性低沸点重金属，熔融时与重金属的氯化物和碱金属化合物一起挥发，在较短的时间内挥发率就能达到 95％以上或接近于完全挥发，故应对熔融过程中产生的废气进行收集，以捕集挥发性重金属。Pb、Cd 的挥发率在 120min 内随熔融时间增加仅有微弱变化，说明附着在飞灰表面的 Pb、Cd 在熔融过程中极易挥发，且在前 30min 内基本完成。Hg 的挥发率相对于 Pb、Cd 较低，但其平均挥发率亦达到 95％以上，在 30～60min 内挥发率略有减少，随后保持不变。Zn 的挥发率曲线比较平稳，但挥发率均达到 90％以上。

从重金属的固溶率和挥发率总体变化情况来看，重金属的挥发、固溶在 90min 内已经完成，且熔融产物表面不再有挥发性物质形成的气泡生成。因此，将最佳熔融时间设定为 90min。

3.3.2.3　碱基度对飞灰熔融过程中重金属行为的影响

在最佳熔融温度和熔融时间条件下（1400℃，90min），通过对飞灰中添加 CaO 和 SiO_2 等添加剂来调整碱基度，并对混合后的飞灰进行熔融实验。碱基度对重金属的固溶率影响如图 3-17 所示。由图 3-17 可看出，Cr、Ni、Cu、As 的固溶率在碱基度为 1.5 时最高，这几种重金属的固溶率曲线基本相似，表明重金属的固溶率与飞灰碱基度有一定依附关系。As 的固溶率随碱基度升高有显著变化，在 0.5～1.0 范围内，其固溶率小于 50%，当碱基度为 1.5 时，固溶率达到最大值，为 81.75%，表明在高碱基度下 As 离子更易替代硅酸盐基体中的 Ca^{2+}、Al^{3+} 从而固溶于基体网格结构中。因此，从重金属固溶角度考虑，通过添加适量的添加剂把碱基度控制在 1.5 左右，将有助于重金属 Ni、Cu、As、Cr 的固溶。但碱基度过高会使飞灰试样的熔点升高，不利于飞灰的熔融处理。因此，碱基度应调整在 1.2～1.5 范围为宜。

图 3-18 给出了碱基度变化对重金属挥发率的影响结果。由图 3-18 可知，碱基度对易挥发性重金属 Pb、Cd、Hg 的挥发行为影响不显著，在所有工况下，3 种重金属的挥发率均达到 95%以上，Pb、Cd 在碱基度小于 1.0 时，Pb、Cd 接近完全挥发，而 Hg 随碱基度的增加呈微弱上升趋势，说明无论碱基度如何变化，附着在飞灰表面的易挥发性重金属在熔融过程中都会有大量挥发。Zn 在低碱基度（0.5～1.0）飞灰中挥发率较低，碱基度为 0.75 时挥发率达到最小值，即在该工况条件下有助于重金属 Zn 的固溶。当碱基度大于 0.75 后，Zn 的挥发率随碱基度的升高而增加。实验表明：飞灰试样碱基度变化对易挥发性重金属 Pb、Cd、Hg 的挥发率影响较小，但在低碱基度条件下，碱基度变化对 Zn 的挥发特性影响较为显著。

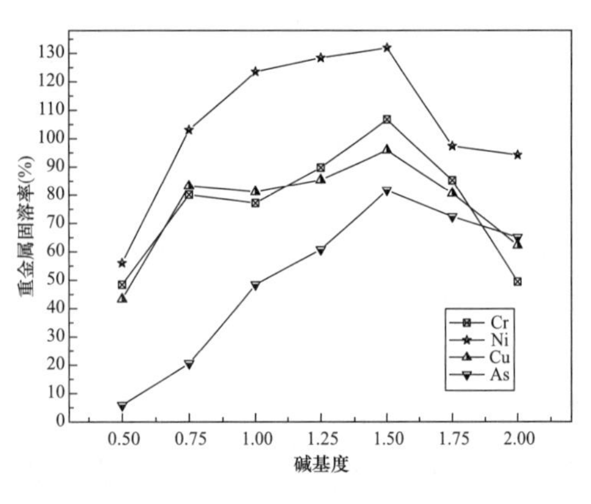

图 3-17　碱基度对重金属固溶率的影响（1400℃，90min）

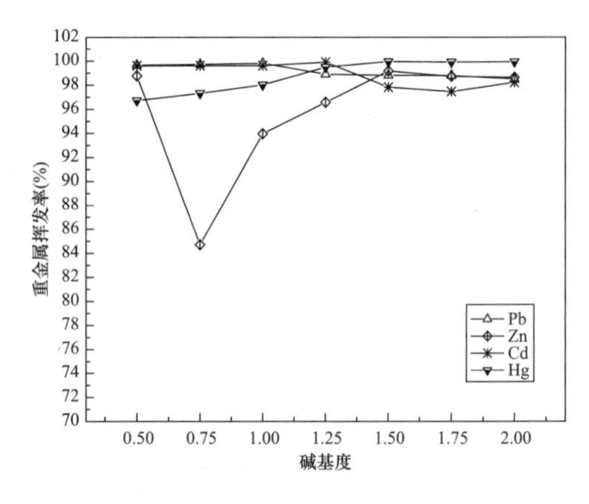

图 3-18　碱基度对重金属挥发率的影响（1400℃，90min）

3.3.2.4　添加剂对飞灰熔融过程中重金属行为的影响

由于 3 种添加剂含量在 10%～20%时试样的灼烧减量变化率趋于稳定，故选取添加量为 15%的 3 个工况及未加任何添加剂的工况进行对比实验。飞灰熔融处理的目的就是将重金属固溶在熔融体中，使其不再溶出，因此，可通过添加不同的添加剂对飞灰进行熔融处理，使熔渣转变为玻璃态物质，提高重金属的固溶效果。

由图 3-19 可知，飞灰试样中添加 SiO_2 对 Ni、Cr、Cu、As 均有较好的固溶效果；试样中添加 CaO 对重金属 Cr 的固溶有抑制作用，最多可使 Cr 减少到 80.9%。3 种添加剂均能提高重金属 Ni、Cu、As 的固溶率，其中 CaO、Al_2O_3 的影响较差。添加剂 CaO 和 Al_2O_3 对 Cu 的固溶影响相差不大，SiO_2 的添加对提高熔融试样中 Cu 的固溶率十分显著，固溶率达到90.47%。总体上讲，飞灰试样中SiO_2添加量的增加对熔融效果有显著影响，一方面可降低熔流点温度；另一方面，可使Cr、Ni、Cu、As等的固溶率增加。

图3-20给出了添加剂对挥发性重金属挥发率的影响。由图3-20可以看出，飞灰中添加CaO、Al_2O_3不利于Zn的挥发，SiO_2对Zn的挥发影响较小；3种添加剂对金属Cd、Pb、Hg的挥发影响甚微，它们的挥发率均很高。由于在管式炉熔融处理焚烧飞灰时，试样升温过程较长，将对飞灰中挥发性重金属的固溶不利，这就需要考虑对飞灰熔融处理方式进行改进。

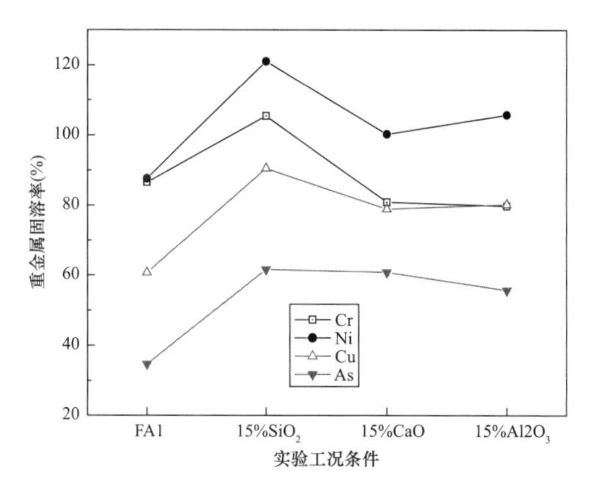

图3-19　添加剂对重金属固溶率的影响（1400℃，90min）

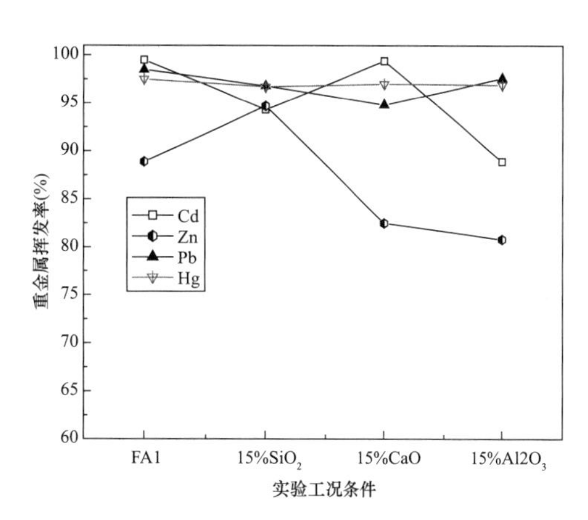

图3-20　添加剂对重金属挥发率的影响（1400℃，90min）

3.3.2.5　SiO_2添加剂对飞灰熔融过程中重金属行为的影响

由于SiO_2对焚烧飞灰熔融过程这重金属行为的影响显著，故对SiO_2添加剂进行详细的研究。通过对添加不同比例SiO_2的飞灰进行熔融实验，得到SiO_2添加剂对飞灰中重金属固溶率影响结果，如图3-21所示。实验采用的气氛为空气，熔融温度为1400℃，熔融时间为90min，SiO_2添加剂对重金属固溶效果比较可发现，对于重金属Cr，呈现出先增后减的趋势，SiO_2的掺入量为15%时，固溶率达到最高，为106.3%。Durlak指出，在低温烧结时Cr与Na、K有极强的亲和力，且Na、K易于Cr结合，易生成Na_2CrO_4、K_2CrO_4。当高温熔融时，Cr在此过程中极易从Cr^{3+}转变为Cr^{6+}，试样中形成Na_2CrO_4的机会极小，从而使Cr稳定性逐渐升高。另外，根据热力学观点，在高温下Cr^{3+}化合物较为稳定。

对于Cr、Ni、Cu和As而言，SiO_2的掺入量在5%～15%之间，对它们的固溶效果较为有利，且4种重金属的固溶与SiO_2掺入量成正比；当SiO_2添加量超过15%后，SiO_2掺入量愈多对Cr、Ni、Cu、As的固溶效果愈不利。这是因为碱金属、碱土金属本身与SiO_2的亲和力较强，当含SiO_2较高的飞灰熔融时，氯盐发生分解，并与SiO_2反应生成碱金属硅酸盐化合物及HCl、Cl_2气体，HCl、Cl_2与金属氧化物反应形成金属氯化物。其反应如式（3-3）、式（3-4）所示：

$$4xMCl+ySiO_2+xO_2 \rightarrow 2xM_2O \cdot ySiO_2+2xCl_2 \quad (3\text{-}3)$$

$$2xMCl+ySiO_2+xH_2O \rightarrow xM_2O \cdot ySiO_2+2xHCl \quad (3\text{-}4)$$

式中，M 为碱金属元素。

所以当灰中 SiO_2 的掺入量增加时，会导致上述反应向右进行，使得热处理气氛中氯气分压上升，进而加速了重金属的氯化反应，导致重金属的固溶率减少。

为了检验飞灰中 SiO_2 掺入量对试样中挥发性重金属的影响，在 1400℃温度下进行熔融实验，SiO_2 掺入量对飞灰中重金属的挥发率的影响如图 3-22 所示。可以看出，试样中 SiO_2 的掺入量对 Zn 的挥发率有显著影响，这是由于 ZnO 的沸点（1975℃）比 PbO（沸点 1470℃）、CdO（沸点 900℃）的高，故 Zn 的挥发率比 Pb、Cd 小。在熔融过程中，由于 ZnO 能够与更多的 SiO_2 结合形成稳定的 Zn_2SiO_4，从而造成 Zn 的挥发率随 SiO_2 的增加而减少。焚烧飞灰中 SiO_2 的掺入量较高时，玻璃相黏度升高，将抑制挥发性物质的释放。

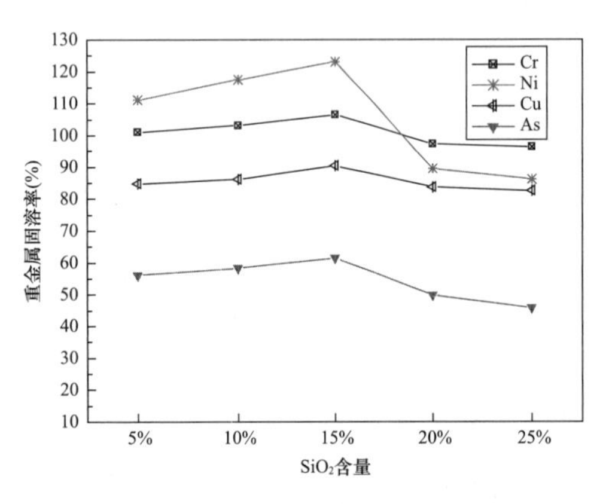

图 3-21　SiO_2 添加剂对重金属固溶率的影响（1400℃，90min）

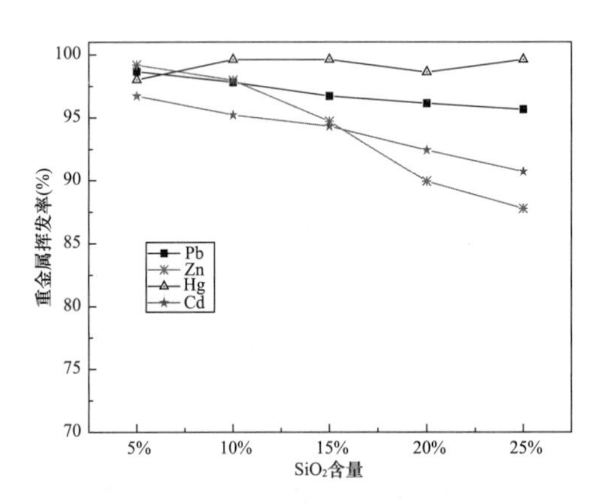

图 3-22　SiO_2 添加剂对重金属挥发率的影响（1400℃，90min）

对于易挥发的 Cd、Pb，在较低熔融温度下，由于矿化作用较差，主要反应仍以氯化作用为主，高温下将受到氧化物本身挥发和氯化作用双重影响，其进入稳定相的比例较重金属 Cu、Zn 少。由于熔融温度较高且 Pb、Cd 挥发速率较快，它们很难与 SiO_2 结合形成稳定的化合物。因此，添加 SiO_2 可适当地避免 Pb、Cd 形成易挥发性金属氯化物，并提高了 PbO、CdO 与 SiO_2 反应机会，形成稳定且不易浸出的硅酸盐化合物。反应式如下：

$$PbO+SiO_2 \rightarrow PbSiO_3 \quad (3\text{-}5)$$

$$PbCl_2+SiO_2+\frac{1}{2}O_2 \rightarrow PbSiO_3+Cl_2 \quad (3\text{-}6)$$

$$CdO+SiO_2 \rightarrow CdSiO_3 \quad (3\text{-}7)$$

$$CdCl_2+SiO_2+\frac{1}{2}O_2 \rightarrow CdSiO_3+Cl_2 \quad (3\text{-}8)$$

SiO_2的掺入量对重金属 Pb、Hg 和 Cd 的挥发影响不很明显，这是因为在焚烧过程中飞灰对重金属 Pb、Hg 和 Cd 主要是物理吸附，且均属于易挥发性重金属，沸点较低，故在熔融过程中这些重金属极易挥发。Meij 发现约有 42%的 Hg 是以 HgO(g) 及 $HgCl_2$的形态被排放至空气中，其余的 Hg 则可能以 $HgCl_2$的形式凝结在飞灰表面而被除尘系统去除。由于熔融温度远远高于 HgO 和 $HgCl_2$的沸点，故在熔融过程中试样中的 Hg 极易挥发，而 SiO_2掺入量对 Hg 的挥发几乎无任何影响。

3.3.2.6　气氛对飞灰熔融过程中重金属行为的影响

3.3.2.6.1　氧化性气氛对重金属行为的影响

焚烧中重金属的行为受重金属本身特性（蒸气压和沸点）、原生垃圾组成（含氯量等）及焚烧环境等因素的影响，重金属的挥发行为受焚烧温度、气体组分以及烟气中的氯成分等因素的影响。

由图 3-23 可知，在 1100～1200℃范围熔融时，重金属 Cr 的固溶率呈上升趋势，熔融温度超过 1200℃后，Cr 的固溶率明显减少，且在 1400℃时降至最小值；由于重金属 Cr、Ni 均为难挥发性金属，故二者在熔融试样中具有相似的分布特性，在 1200℃时飞灰熔融体有新的晶体相硅酸钙和硅铝酸盐生成，抑制了重金属及其氯化物的挥发，因此，熔融试样中 Ni 在 1200℃时固溶率最高，在 1100～1400℃范围内随着温度的升高，呈先增后减趋势，在 1400℃时达到最小值 83.7%；大多数 Cu 在熔融过程中形成不易挥发的 CuO 和 CuO_2。在 1100～1200℃范围内，As 的挥发率的增加较 Pb、Cd 明显，这与 As 在该阶段形成的挥发性物质的性质有关，其中 As_2O_3和 $AsCl_3$均具有高挥发性，在 1200～1400℃时急剧减少。Vassilev 等发现：垃圾焚烧过程中产生的 Sb、Pb、Cu、Fe、Zn、Ni、Mn、Cr 质量分数与各自的氧化物和氯化物的熔点（MT）和沸点（BPT）有关。对于重金属 Cr、Ni、Cu、As，在飞灰熔融体中的固溶率与它们的熔沸点呈正相关，即随着熔沸点的升高，固溶率也依次升高：Cr＞Ni＞Cu＞As。另外，在熔融过程中挥发性重金属的排放还与飞灰组成成分有很大关系。

在垃圾焚烧、燃煤及其他工业生产过程中，As、Cd、Pb、Hg 的金属化合物，除部分汞以气态形式存在外，其余元素多以单质、金属氯化物（如 $AsCl_3$、$PbCl_2$、$CdCl_2$ 等）及金属氧化物（如 As_2O_3、CdO、PbO 等）的形式存在。由于低沸点重金属 Pb、Cd、Hg、Zn 具有较高的蒸气压，熔融过程中很难与飞灰中的矿物盐发生深度化学反应形成稳定的化合物，所以这些重金属在熔融过程中极易变为气态，故它们的挥发率均较高。由图 3-24 可知，在氧化气氛下重金属 Cd、Pb、Hg 的挥发率均超过 95%，这与 Jakob 等在空气或氩气气氛下，Pb、Cd、Cu 的挥发率为 98%～100%的研究结果接近。飞灰试样经熔融处理后，上述 4 种重金属仅有极少量赋存在熔融体晶格中，它们的挥发性依次为 Pb＞Cd＞Hg＞Zn；Pb、Cd、Hg、Zn 在熔融温度为 1200℃左右挥发性明显降低，熔融温度高于 1300℃后 Cd、Zn 的挥发量减少，Zn 的挥发量呈增加趋势；Pb、Hg 的挥发率呈先减少后增加趋势，总体上 Pb 的挥发量比 Hg 高；重金属 Pb 在飞灰中主要是以

PbO、PbO_2和Pb_2O_3的形式存在，在1100～1400℃范围内95%以上挥发，在1400℃试样中残留的Pb仅有3.79mg·kg^{-1}；重金属Cd在熔融过程中均转化为气态挥发，残存在熔融试样中的含量比Cr、Ni等少两个数量级，平均少于0.2mg·kg^{-1}，接近完全挥发。Hg在熔融过程中多以气相为主，遍布于整个熔融过程，附着在飞灰表面上的Hg及其化合物，随着温度的升高，直接以气态形式挥发，极少量产存于熔融后的试样中。

Zn与Pb、Cd的挥发率有较大差别，相比较而言，Zn的挥发率最低。Hirth等研究结果发现，重金属Pb、Cd几乎完全挥发，虽然重金属Zn具有高挥发性，但在空气气氛下热处理挥发率仅有50%，因此对Zn的迁移行为存在较大疑问。当飞灰试样在氧化性气氛下较低熔融时，试样中主要以ZnO形式存在的Zn，易形成Zn_2SiO_4、$ZnSiO_3$和$ZnAl_2O_4$等不易挥发的化合物，致使其挥发率较低。在温度区间1100～1200℃熔融时，重金属极易形成硅铝酸盐，使其挥发率降低；同时硅铝酸盐的存在可抑制飞灰中挥发性物质的析出，使重金属的挥发性受到负面影响。熔融温度超过1200℃后，盐层发生相变消失，从而挥发率又呈继续上升趋势。

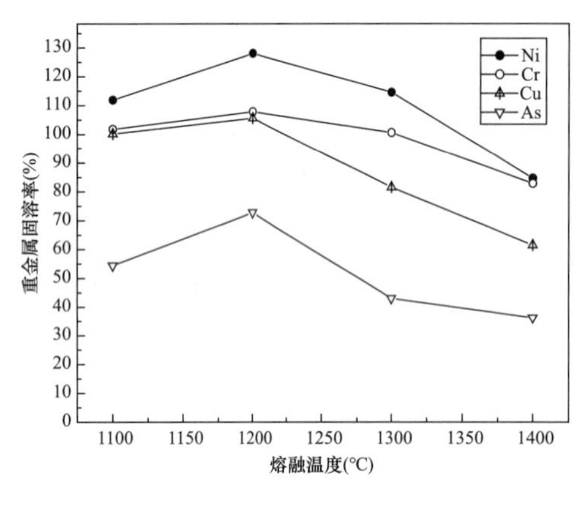

图3-23 氧化性气氛对飞灰中重金属固溶率的影响（90min）

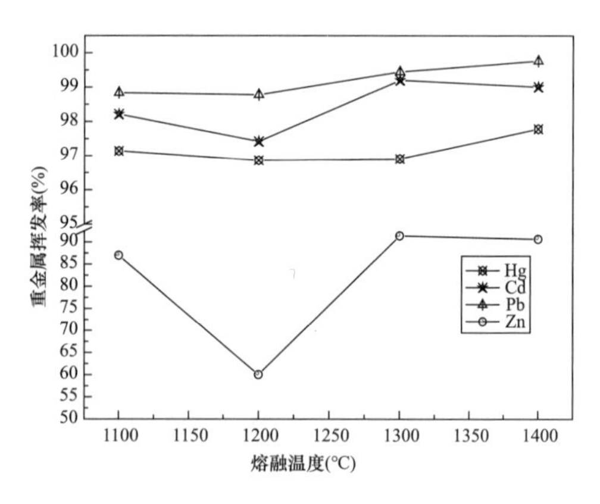

图3-24 氧化气氛对飞灰中重金属挥发率的影响（90min）

3.3.2.6.2 还原性气氛对重金属行为的影响

图3-25和图3-26分别给出了还原性气氛对重金属固溶率和挥发率的影响。由图3-25知，随着熔融温度的升高，重金属Ni、Cr、Cu和As的固溶率均呈减少趋势。飞灰在还原性气氛下熔融过程中，重金属Ni、Cr的沸点较高，进入熔渣或排放到废气中的比例较少，大部分均固溶在熔渣中，低沸点的Cd，多数挥发于废气中，存在于熔渣的比例较低。熔渣中重金属含量则以Ni最大，Cr、Cu、Pb、As次之，而Cd几乎低于检测限值。由于试样在熔融前后减容比较大，熔融过程中重金属有效地取代硅酸盐中的部分Ca^{2+}、Al^{3+}离子而被固溶在硅酸盐的网状构造中，致使固溶率大于100%。与氧化性气氛相比，还原性气氛有利于Ni、Cr、Cu和As这4种重金属的固溶，且在较低熔融温度熔融时，固溶率均达到最大值。重金属Cu、As只有部分挥发，表明在还原性气氛下更有利于Cu、As固溶率的提高。

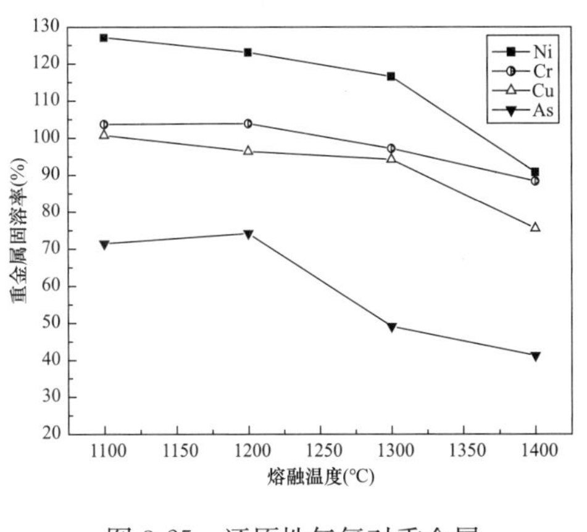

图 3-25　还原性气氛对重金属固溶率的影响（90min）

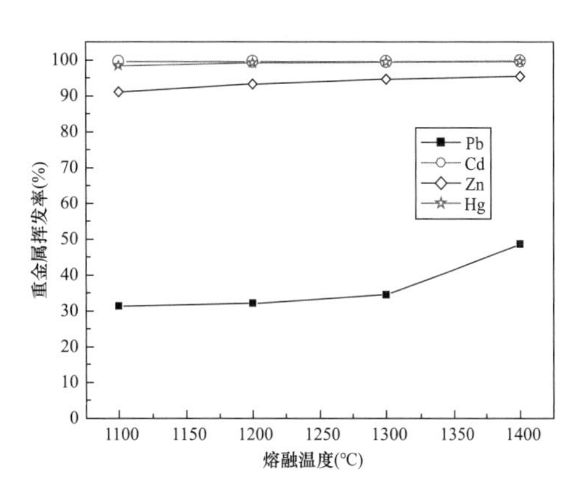

图 3-26　还原性气氛对重金属挥发率的影响（90min）

在还原性气氛条件下，飞灰试样在 1300℃就完全熔融，多数重金属的熔点较其氧化物的熔点低。挥发性重金属 Pb、Hg、Cd、Zn 在垃圾焚烧过程中浓缩凝聚在飞灰颗粒表面，在 1100℃时，重金属 Pb 部分挥发，而 Hg、Cd、Zn 几乎全部挥发。Hg、Cd 在 1100℃时几乎全部转换为气态挥发，Zn 在较低熔融温度下，挥发率亦达到 91.12%，且随熔融温度的升高而呈缓慢上升趋势。说明在还原性气氛下，Hg、Cd、Zn 更容易挥发，熔融温度对它们挥发率影响较小，随着挥发量的增加它们与 $A1_2O_3$、SiO_2之间化学吸附的机会减少。相对于 Hg、Cd 和 Zn，还原性气氛对 Pb 的挥发具有抑制作用，在 1100～1400℃范围，挥发率均小于 50%，呈平稳增长趋势。这是由于 $PbCl_2$（沸点 950℃）、PbO（沸点 1470℃）在还原气氛下的挥发量少于氧化气氛下，且 $PbCl_2$、PbO 的挥发与其蒸气压有密切关系。

3.3.3　熔融后试样的浸出毒性

飞灰试样熔融后的浸出毒性试验（TCLP）测定结果如表 3-2 所示。由表 3-2 可知，各种实验工况下熔融试样的浸出毒性均很低，由于能够被浸出的重金属多以可溶性盐类（如硫酸盐和氯化物）的形式存在，这些盐类在熔融过程中发生相变而挥发，使重金属的浸出率降低。相比较而言，在还原性气氛下熔融时熔融体中重金属的浸出率较氧化性气氛下的低，是由于还原气氛下有利于飞灰中重金属的固溶，固溶于玻璃态熔渣中的重金属较多，致使浸出率较低。各种重金属氧化物，由于其熔沸点较高，在熔融炉内发生熔融反应后固溶在熔渣中，使其浸出率降低，实验结果也表明熔融处理可降低重金属的浸出毒性。Zn、Cr、Pb、Cu、Cd 等重金属浸出率均非常低，甚至几乎低于检测线，同时也说明采用美国 EPA 的测试方法测试，熔融试样的重金属浸出浓度均低于其规定限值。Pb、Cd、As、Hg 等重金属及其化合物由于熔沸点较低，在熔融过程中极易与氯化物一起挥发，本实验用装有 HNO_3、K_2MnO_4的吸收瓶对挥发性物质进行收集后二次处理。同时，重金属 Zn、Cr 和 Ni 取代硅酸盐类中的 Ca^{2+}、Al^{3+} 而被固溶在硅酸盐网状基体当中，从而使熔融试样的浸出率明显降低。这些将为熔融后的焚烧飞灰再次资源化利用提供非常有利的条件。

表 3-2　用 TCLP 测定焚烧飞灰熔融后试样的浸出毒性　　单位：mg · L^{-1}

实验工况		*w* (CR)	*w* (NI)	*w* (PB)	*w* (CU)	*w* (ZN)	*w* (CD)	*w* (AS)	*w* (HG)
熔融温度	1100℃	0.7520	0.1684	0.0646	0.9683	1.4753	0.4911	0.0485	0.00241
	1200℃	0.6835	0.1567	0.0578	0.9713	1.4490	0.3421	0.0462	0.00227
	1300℃	0.5688	0.1474	0.0382	0.9421	1.2771	0.2932	0.0457	0.00075
	1400℃	0.5294	0.1243	0.0354	0.9270	1.2212	0.2443	0.0418	0.00053
熔融时间	30min	0.6312	0.1524	0.0345	1.0123	1.2289	0.3125	0.0468	0.00097
	60min	0.6215	0.1511	0.0326	0.9985	1.2151	0.2989	0.0461	0.00088
	90min	0.5412	0.1421	0.0315	0.8781	1.2158	0.2458	0.0429	0.00059
	120min	0.5124	0.1369	0.0311	0.8637	1.2084	0.2321	0.0402	0.00049
碱基度	0.5	1.1521	0.2541	0.0715	0.9568	1.5263	0.5481	0.0532	0.00254
	0.75	1.0245	0.2163	0.0629	0.9152	1.5124	0.5326	0.5246	0.00245
	1.0	0.9458	0.1425	0.0562	0.9026	1.4245	0.4997	0.4752	0.00152
	1.25	0.7564	0.1411	0.0375	0.8953	1.3251	0.3421	0.4635	0.00095
	1.5	0.5361	0.1225	0.0361	0.8756	1.2312	0.2695	0.4213	0.00060
	1.75	0.7854	0.1659	0.0465	0.9785	1.3695	0.3653	0.4968	0.00082
	2.0	0.9596	0.1789	0.0571	0.9952	1.4263	0.4896	0.5024	0.00125
氧化性气氛 50%N_2+50%O_2	1100℃	0.8524	0.8663	0.1656	0.9983	2.4723	0.6931	0.3482	0.00742
	1200℃	0.7865	0.8564	0.1574	0.9815	2.4190	0.5522	0.5462	0.00527
	1300℃	0.6656	0.8464	0.1372	0.9623	2.1701	0.5232	0.5557	0.00675
	1400℃	0.5894	0.8273	0.1364	0.9371	1.9212	0.4453	0.5618	0.00553
还原性气氛 50%N_2+50%CO	1100℃	0.4523	0.5636	0.0895	0.4857	1.256	0.3217	0.3215	0.00635
	1200℃	0.4021	0.4521	0.0872	0.4659	1.028	0.2364	0.3117	0.00632
	1300℃	0.3625	0.4218	0.0748	0.4123	1.011	0.2251	0.2965	0.00521
	1400℃	0.3328	0.4120	0.0625	0.3958	1.008	0.2311	0.2451	0.00425
SiO_2 添加剂	5%	0.2321	0.9834	0.1636	0.0883	3.6213	0.0042	0.7286	0.0071
	10%	0.2214	0.8957	0.1578	0.0793	2.9912	0.0041	0.6262	0.0067
	15%	0.1951	0.8774	0.1582	0.0741	2.5847	0.0033	0.4357	0.0085
	20%	0.1824	0.8773	0.1754	0.0670	1.6895	0.0028	0.3258	0.0083
	25%	0.1638	0.7895	0.1894	0.0561	1.3698	0.0024	0.2689	0.0095
标准限值		5	—	5	—	—	1	5	0.2

3.4　本章小结

本章针对焚烧飞灰 FA1，在管式熔融炉实验装置上，分别研究了熔融温度、熔融时间、碱基度、气氛、添加剂对焚烧飞灰的熔融特性、重金属的固溶与挥发行为特性、熔渣浸出毒性的影响。实验结果表明：

（1）熔融温度是焚烧飞灰的熔融处理的重要参数；总体上讲，温度越高灼烧减量变化率越大，在1400℃时基本上趋于稳定，灼烧减量变化认为是碱金属氯化物，碳酸盐、硫酸盐、重金属Pb、Cd、Zn等及其化合物挥发分解所致。对不同温度下熔渣的SEM分析观察结果显示，随着温度的升高，熔融体的晶粒尺寸逐渐变小，形成微晶结构，且均匀分布在熔融体中；1400℃时试样已完全熔融，熔融体表观结构平整光滑，具有较高的硬度，其断面具有光泽且无明显孔隙产生。

由XRD分析可知，未熔融处理的飞灰FA1中含有大量的可溶性化合物如NaCl、KCl、SiO_2、$CaCO_3$、$CaSO_4$等，以及少量的重金属，因此，必须对飞灰进行无害化处理；经熔融处理后呈结晶状态，熔融体中结晶相数量随着温度的升高呈增加趋势，1400℃时熔融体中结晶体形态为$Ca_2Al_2SiO_7$、CaS、$CaAl_2SiO_8$、$CaSiO_3$、Ca_2SiO_4、CaO等；其中$CaSO_4$由于受热分解而使其结晶体大量减少。

熔融温度对各种重金属的固溶、挥发行为影响显著。熔融温度为1200℃时Ni、Cr、Cu、As的固溶率最高，熔融温度对Pb、Cd、Hg挥发率影响较小。

（2）飞灰FA1的灼烧减量变化率随熔融时间的延长，呈先快后慢的增长趋势，90min后趋于平稳。因此，熔融时间设定为90min为宜。

熔融时间对各种重金属的固溶、挥发行为影响差异较大。熔融时间较长有利于提高Ni、Cr的固溶率，相反对Cu、As的固溶有负面影响。易挥发性重金属Pb、Cd、Hg的挥发率在30min内达95%以上。

（3）3种添加剂的加入量在15%左右时，试样的灼烧减量基本趋于稳定，添加量过高或过低熔融试样灼烧减量波动均很大。焚烧飞灰中添加SiO_2可使试样达到更好的熔融效果，添加CaO不利于试样的熔融，添加Al_2O_3可提高试样的硬度和致密性。3种添加剂对熔融效果的影响次序：SiO_2>CaO>Al_2O_3。

飞灰试样中添加SiO_2对Ni、Cr、Cu、As均有较好的固溶效果；试样中添加CaO对重金属Cr的固溶有抑制作用，最多可使Cr减少到80.9%。3种添加剂均能提高重金属Ni、Cu、As的固溶率，其中CaO、Al_2O_3的影响较差。飞灰中添加CaO、Al_2O_3不利于Zn的挥发，SiO_2对Zn的挥发影响较小；3种添加剂对Cd、Pb、Hg的挥发影响很小。

（4）碱基度变化对Cr、Ni、Cu、As的固溶率影响显著。碱基度较高有利于重金属Ni、Cu、As、Cr的固溶；在碱基度为1.5时，Ni、Cu、As、Cr的固溶率均达到最大值。重金属Pb、Cd、Hg的挥发率几乎不依附于碱基度变化，而Zn的挥发特性随碱基度变化较大。

（5）当SiO_2添加剂掺入量超过20%时，熔渣断面平整且结构致密，呈细条纹状，表面无任何孔隙，熔渣基本上完全熔融，所有易挥发，分解的化合物均已结束反应，熔渣中硅酸盐化的气固反应产物与玻璃态熔渣等已完全溶为一体。

SiO_2掺入量为15%时，Cr的固溶率达到最高，为85.4%；对于Ni，Cu和As，当SiO_2的掺入量在5%～15%之间时，有利于它们的固溶率提高，但SiO_2掺入量超过15%时，3种重金属的固溶率与SiO_2掺入量成反比。Zn的挥发率随SiO_2的添加量增加而减少；添加SiO_2可抑制Pb，Cd的挥发，但抑制作用并不显著；SiO_2的添加对Hg的挥发几乎没有影响。

还原性气氛下的熔融效果明显优于氧化气氛，低沸点重金属的挥发率也高于氧化条件。熔渣断面的气孔明显少于氧化气氛下，且表面平整，结构致密而紧凑。氧化性气氛下熔融时，重金属Cr、Ni、Cu、As在飞灰熔融体中的固溶率与其熔沸点呈正相关，即随着熔沸点的升高，固溶率也依次升高：Cr＞Ni＞Cu＞As。低沸点金属Pb、Cd、Hg、Zn具有较高的蒸气压，这些重金属在熔融过程中极易变为气态，故它们的挥发性均较高。试样中的Zn主要以ZnO形式存在，易形成Zn_2SiO_4、$ZnSiO_3$和$ZnAl_2O_4$等不易挥发的化合物，致使其挥发率较低。

飞灰在还原气氛下熔融时，重金属Ni、Cr的沸点较高，排放到废气中的比例较少，大部分固溶在熔渣中，还原性气氛有利于Ni、Cr、Cu和As的固溶，且在较低熔融温度下固溶率均达到最大值；在还原性气氛下，Hg、Cd、Zn更容易挥发，熔融温度对它们挥发率影响较小，但还原性气氛对Pb的挥发却有抑制作用，在1100～1400℃范围，挥发率均小于50%，呈平稳增长趋势。

（6）各种实验工况条件下，熔融产物中Zn、Cr、Pb、Cu、Cd、Hg等重金属浸出率均非常低，熔融体中重金属的浸出率均低于美国国家环境保护局的标准限值，说明熔融处理可有效地降低重金属的浸出毒性。熔融后的飞灰具有较好的再次资源化利用前景。

第 4 章　焚烧飞灰在旋风炉中熔融特性及重金属赋存迁移规律

4.1　引言

生活垃圾焚烧处理虽可使垃圾得到有效减容化、无害化处理，但仍可产生 15%左右的焚烧灰渣。这些灰渣，尤其是飞灰含有二噁英及大量的重金属等有害物质，若未经妥善处理，势必造成严重的二次污染。熔融处理技术是将有害的焚烧飞灰予以减容化、无害化、资源化处理的主要技术之一。

近年来，国内外一些学者对垃圾焚烧飞灰稳定化处理进行了研究，Amand 等对焚烧灰渣中重金属行为进行了多项研究；王伟等对焚烧飞灰中重金属的存在方式及其形成机理进行研究；Hasselriis 等人在对典型垃圾组分中重金属含量测定后指出，即使去除了明显易生成重金属污染物的垃圾源，焚烧后仍将有大量重金属存在。以往的研究中，有关旋风熔融炉处理焚烧飞灰及其熔融处理特性、重金属污染物处理、固体添加剂对熔融特性与重金属赋存迁移行为的影响等问题的研究鲜见报道。

本章采用东南大学热能工程研究所自行设计、构建的旋风熔融炉，对两种不同炉型的焚烧飞灰（FA1 和 FA3）进行熔融处理，将有害的焚烧飞灰减容、减重、无害化处理，对熔渣的微观形貌、矿物组成特性及熔融过程中重金属行为进行了讨论，并分析了不同种类的固体添加剂对焚烧飞灰熔融过程中重金属行为特性的影响，为焚烧飞灰无害化、减容化、资源化处理及工程应用提供重要的技术参考。

4.2　试验装置及方法

4.2.1　焚烧飞灰熔融试验装置

生活垃圾焚烧飞灰旋风熔融试验系统流程图如图 4-1 所示，该试验装置主要由旋风熔融炉本体、加料系统、点火装置、气路、油路、气体收集系统、液态排渣系统、测温系统等构成。

4.2.1.1　垃圾焚烧飞灰加料系统

垃圾焚烧飞灰由粒径较细的颗粒组成，本试验采用星形加料器进行加料。为了便于加料，首先对试验采用焚烧飞灰试样进行自然风干处理，以避免在星形加料器中结块、堵塞。加料系统主要由调速电机、变频器和星形加料器 3 部分组成。调速电机与普传变频调速器（型号：PI—168 FAMILY）联合使用，来控制星形加料器加料速度。

4.2.1.2 焚烧飞灰熔融炉本体

生活垃圾焚烧飞灰熔融炉本体是一个旋风熔融炉，分为上下两部分。旋风熔融炉本体炉膛内径为 300mm，高 1500mm，熔融炉壁厚 45mm，采用燃油喷燃系统加热，通过调节燃烧风、雾化风、燃油量来控制熔融温度，熔融温度可控制在 600～1600℃之间的设定温度运行。详见图 4-1，熔融炉本体上还设有加料口、点火器插孔、视镜观察孔、熔融后烟气出口、排渣口、测温孔。为了防止散热，在夹套外由里到外分别用硅酸铝纤维棉和岩棉板保温；考虑到炉体固定，采用轻质耐火砖作为支撑，保温层外部采用钢制筒体和法兰连接。

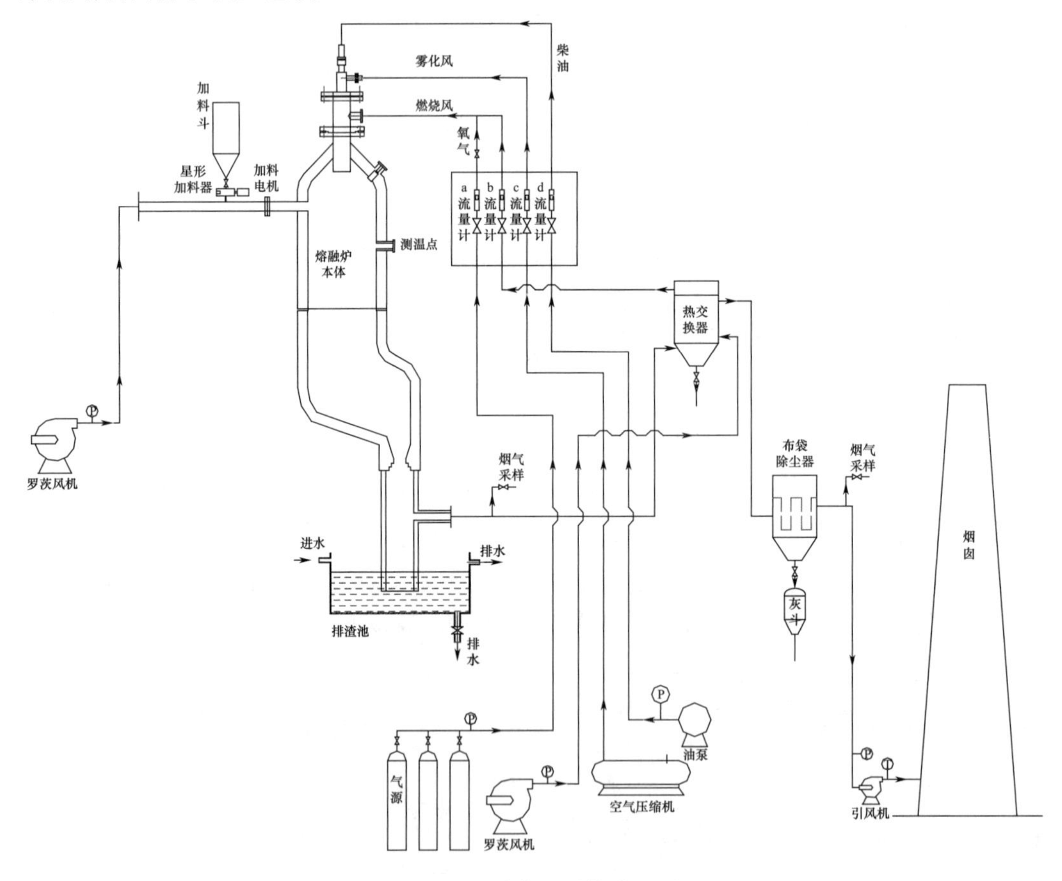

图 4-1 试验装置系统流程图

4.2.1.3 排渣系统

排渣系统包括排渣池、循环水路、熔渣取样系统等。焚烧飞灰熔融后的液态熔渣直接进入排渣池，水淬冷后的熔渣经采集后风干待测。

试验主要设备参数见表 4-1。

表 4-1 主要设备参数

设备	主要参数	单位	数值	设备	主要参数	单位	数值
罗茨风机	额定转速	$r \cdot min^{-1}$	1450	星形加料器	电机转速	$r \cdot min^{-1}$	1390
	额定风量	$m^3 \cdot min^{-1}$	1.83		转速比		25
	出口风压	kPa	29.4		功率	kW	0.55
	电机功率	kW	2.2	空气预热器	额定流量	$kg \cdot h^{-1}$	5—10
变频器	设定频率	HZ	0.5—400		设计压力	MPa	0.66
	功率	kW	0.75		设计温度	℃	426
引风机	额定转速	$r \cdot min^{-1}$	2825	给料电机	电机转速	$r \cdot min^{-1}$	1450
	额定风量	$m^3 \cdot min^{-1}$	6.67		转速比		29
	出口风压	kPa	3.92		功率	kW	0.55
	电机功率	kW	1.1	—	—	—	—

4.2.2 重金属的测量

4.2.2.1 重金属样品的采集

气相中的重金属元素的采样装置如图 4-2 所示：熔融炉烟气先经过过滤器，然后通过一空瓶，使随烟气一道进入吸收瓶中的颗粒物沉降下来，再进入装有 10%双氧水的吸收瓶中，使烟气中大部分金属元素与双氧水发生氧化还原反应，被双氧水所吸收；之后烟气进入装有 5%硝酸的吸收瓶再次对未被双氧水吸收的少量金属元素进行吸收，以确保烟气中的金属元素被完全吸收。由于烟气中的金属汞不能与双氧水和硝酸反应，通过两种吸收液后，金属汞并没有吸收下来，所以还必须用 4%高锰酸钾进行吸收，也就是说高锰酸钾只是为了吸收汞而采用的。硅胶是为了吸附烟气中的水分，保护真空泵，流量计用来对烟气进行计量。

真空泵采用南京真空泵厂生产的 2X-4 型旋片式真空泵。抽气速度为 $800mL \cdot min^{-1}$。在真空泵的作用下，烟气依次通过空吸收瓶、装有 10%的双氧水吸收液、5%的硝酸吸收液、4%的高锰酸钾吸收液、变色硅胶吸湿管、玻璃转子流量计，最后经抽气泵排出系统。

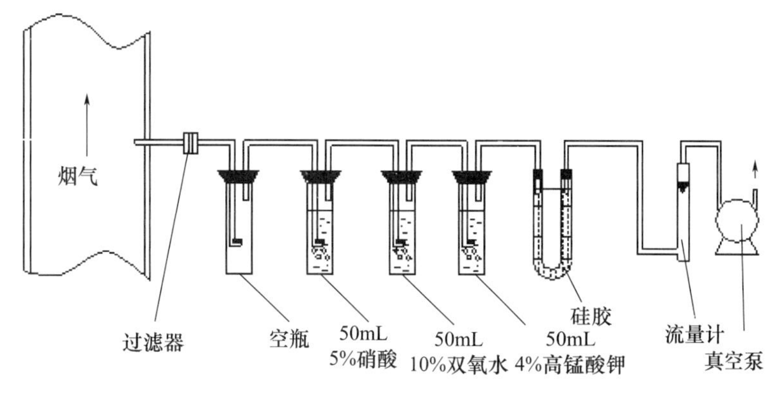

图 4-2 试验气相中重金属元素的采样装置图

4.2.2.2 重金属含量的分析

焚烧熔渣试样经过进行研磨、酸消解后，在中国科学院南京土壤研究所通过美国PE公司产的POEMS（Ⅱ）型电感耦合等离子体光谱质谱联用仪对熔渣中重金属含量进行测定。对收集气体的液体试样经过预处理后，直接在该仪器上进行测量。测定方法见第2章。

4.2.3 试验步骤

4.2.3.1 垃圾焚烧飞灰熔融系统热态启动

首先打开循环水，并将排渣水箱中的水注满，控制进水和出水流速；启动罗茨风机、空气压缩机和油泵，然后调节好雾化风，通入极少量燃烧风，打开点火器后通入燃油，并快速调节燃油流量计，向喷燃器内供入柴油，启动焚烧飞灰熔融炉，等炉温达到设定的熔融温度后，将焚烧飞灰通过星形加料器加入熔融炉内，熔融过程中的产生的烟气经过采样装置收集，焚烧飞灰产生的熔渣在排渣池中水冷冷却后取样。

4.2.3.2 热态试验

首先完成热态启动，待熔融炉本体基本达到熔融温度和热稳定条件后，准备进行各工况的热态试验，相关参数如表4-2所示。试验步骤如下：

① 根据试验前标定好的星形加料器电机转速与加料量对应曲线，调节给飞灰进料量使其达到试验需要值；

② 调节燃烧风、雾化风、冷却风风量及受热面积使炉内温度达到试验所需的数值；

③ 经过60min稳定燃烧后，记录燃烧风、雾化风、给油量值，待开始正式试验，记录风量、电机转速、各测点温度、炉膛压差，同时对烟气中的重金属、灰渣进行采样，做好编号，完成一组试验。

④ 试验结束后，停止加飞灰并同时停止给油量，并把燃烧风供风量调小，冷却熔融炉本体，使床温降至250℃后，停止供风，同时关闭引风机，停炉。

表4-2 焚烧飞灰熔融试验工况参数表

工况	试样	熔融温度（℃）	燃烧风（$m^3 \cdot h^{-1}$）	雾化风（$m^3 \cdot h^{-1}$）	输送风（$m^3 \cdot h^{-1}$）	燃油量（$L \cdot h^{-1}$）	加料量（kg）	加料时间（min）
1	FA1	1250	33	3.3	13.7	8.0	3	31
2	FA1	1300	33	3.3	13.6	8.1	3	32
3	FA1	1350	33	3.3	13.6	8.0	3	33
4	FA1	1400	33	3.3	13.8	7.9	3	31
5	FA1+5%SiO_2	1400	33	3.3	13.6	8.1	3	30
6	FA1+10%SiO_2	1396	33	3.3	13.5	8.0	3	32
7	FA1+15%SiO_2	1397	33	3.3	13.6	7.9	3	32
8	FA1+20%SiO_2	1395	33	3.3	13.5	8.0	3	31
9	FA1+5%CaO	1401	33	3.3	13.4	8.1	3	29

续表

工况	试样	熔融温度（℃）	燃烧风（$m^3 \cdot h^{-1}$）	雾化风（$m^3 \cdot h^{-1}$）	输送风（$m^3 \cdot h^{-1}$）	燃油量（$L \cdot h^{-1}$）	加料量（kg）	加料时间（min）
10	FA1＋10％CaO	1397	33	3.3	13.6	7.9	3	31
11	FA1＋15％CaO	1400	33	3.3	13.6	7.9	3	33
12	FA1＋20％CaO	1398	33	3.3	13.7	8.1	3	31
13	FA1＋5％MgO	1402	33	3.3	13.6	8.0	3	33
14	FA1＋10％MgO	1399	33	3.3	13.6	7.9	3	32
15	FA1＋15％MgO	1403	33	3.3	13.6	8.0	3	32
16	FA1＋20％MgO	1404	33	3.3	13.5	8.1	3	35
17	FA3	1251	33	3.3	13.6	7.9	3	32
18	FA3	1304	33	3.3	13.6	8.0	3	32
19	FA3	1353	33	3.3	13.6	7.9	3	34
20	FA3	1401	33	3.3	13.6	8.0	3	31
21	FA3＋5％SiO_2	1399	33	3.3	13.5	8.1	3	32
22	FA3＋10％SiO_2	1393	33	3.3	13.6	7.9	3	33
23	FA3＋15％SiO_2	1397	33	3.3	13.6	8.1	3	33
24	FA3＋20％SiO_2	1401	33	3.3	13.6	7.9	3	32
25	FA3＋5％CaO	1396	33	3.3	13.7	8.0	3	31
26	FA3＋10％CaO	1403	33	3.3	13.6	8.1	3	31
27	FA3＋15％CaO	1402	33	3.3	13.6	7.9	3	30
28	FA3＋20％CaO	1401	33	3.3	13.6	8.1	3	29
29	FA3＋5％MgO	1398	33	3.3	13.6	7.9	3	31
30	FA3＋10％MgO	1397	33	3.3	13.5	8.0	3	32
31	FA3＋15％MgO	1399	33	3.3	13.6	8.1	3	33
32	FA3＋20％MgO	1402	33	3.3	13.6	7.9	3	29

4.3　试验结果分析与讨论

4.3.1　垃圾焚烧飞灰熔融处理微观形貌分析

为了了解焚烧飞灰熔融处理前后表面结构形态及微观形貌的变化，因此，用扫描式电子显微镜（SEM）对试样孔隙结构上的变化进行观察。首先对两种焚烧飞灰进行微观形貌分析，如图 4-3 所示。飞灰 FA1 颗粒间孔隙较大且结构较为疏松，多以 30～40μm 的球形、不规则形颗粒居多，有极少数飞灰颗粒粒径大于 100μm；焚烧飞灰 FA3 颗粒粒径分布不太均匀，粒径较大颗粒多以不规则棱角分明的块状、片状为主，粒径较小的颗粒以球状、椭球状存在，平均粒径在 20～30μm 之间。这与 Sukrut 对焚烧飞灰粒径的测定结果基本一致。

图 4-3　FA1、FA3 未经熔融处理前的 SEM 照片（×100）

4.3.1.1　熔融温度对焚烧飞灰熔融处理后微观形貌的影响

焚烧飞灰 FA1 在不同温度下熔融处理后的 SEM 照片见图 4-4。当焚烧飞灰 FA1 以 1250℃熔融温度进行熔融反应时，熔渣试样中产生大量块状晶体，外观无玻璃光泽，表面结构凹凸不平，经放大 3000 倍后可观察有明显的局部（颈部）致密化现象，又因为该温度低于飞灰的熔流点温度，故可推断在 1250℃温度下 FA1 试样仅发生了体积收缩、密度升高等显微结构变化，属于烧结反应或局部熔融，未达到完全熔融状态，这部分熔融物质可能是碱金属盐类相互作用而形成的低熔点的化合物；随着熔融温度的升高，试样中熔融部分比例急剧增大，当升温至 1300℃时，熔渣中块状晶体逐渐减少，试样基本上已融为一体，但仍可观察到小颗粒或晶体附着在熔渣断面，同时可观察到试样熔流后填充气孔形成高低不平的表面结构；熔融温度若达到 1350℃时，试样大部分组分已玻璃化，飞灰 FA1 试样外观产生玻璃光泽，熔渣多以无定形玻璃态物质为主，不可避免地会产生少量硅酸盐晶体，试样内部结构变得更为致密，已达到较好的熔融效果；继续提高熔融温度进行试验，发现在 1400℃温度条件下，飞灰熔渣质地更为均匀，结构紧凑致密，表面平整且有光泽，说明熔融炉内的熔融温度（1400℃）已高于飞灰熔融温度，熔融温度越高相对于熔融处理效果而言越有利。

焚烧飞灰 FA3 的熔点相对 FA1 较高，在 1250℃条件下，试样仅发生烧结反应，反应后仅把大颗粒（或晶体）周围的小颗粒附着、黏结在其表面，并交错层叠结合在一起，试样整个表面呈现熔融状态，氯化物和碱金属化合物发生分解反应，挥发后产生微小气孔，详见 4-5（a）；当把熔融温度设定为 1300℃时，试样中未熔融的大颗粒或晶体由于被熔融的玻璃体包裹而明显减少，且试样变得较紧密，减容比增大；进一步调整熔融温度至 1350℃，发现试样逐渐融为一体，基本已分辨不出颗粒与玻璃态熔渣，但挥发性化合物及重金属挥发遗留的气孔仍清晰可见，试样的熔流效果明显优于前两个低温工况；由图 4-5（d）可知，在 1400℃温度下，试样完全熔融，熔渣中结晶矿物质含量降低，且试样表面结构趋于平整，无气孔产生，结构致密。

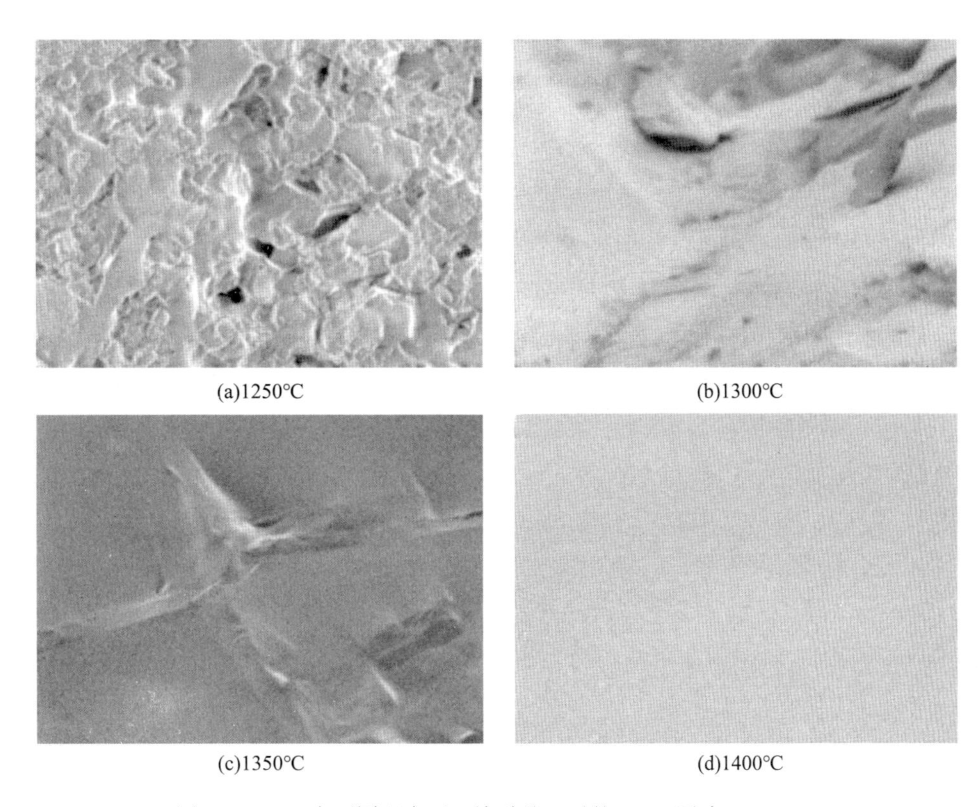

图 4-4　FA1 在不同温度下经熔融处理后的 SEM 照片（×3000）

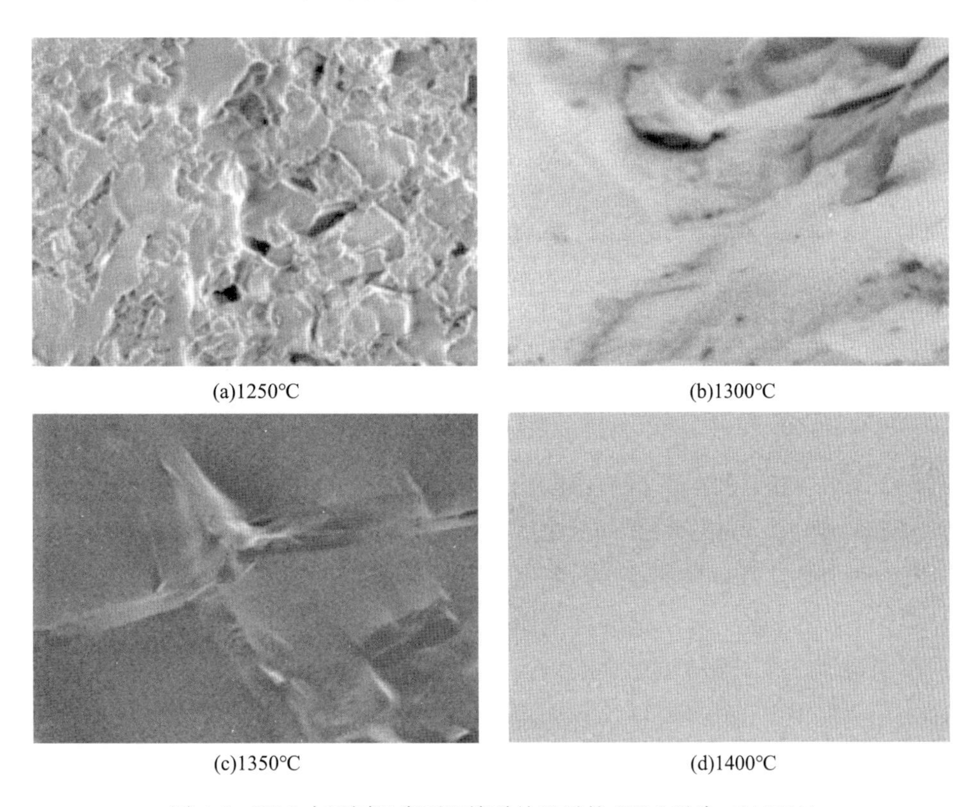

图 4-5　FA3 在不同温度下经熔融处理后的 SEM 照片（×3000）

4.3.1.2 CaO 添加剂对焚烧飞灰熔融处理微观形貌的影响

焚烧飞灰 FA1 添加不同比例的 CaO 经熔融处理后的 SEM 照片见图 4-6。焚烧飞灰中添加 CaO 后，试样的熔点明显提高，由图 4-6 可以看出，随着 CaO 含量的增加试样熔融效果依次降低，表面微观结构变得更为粗糙不平。飞灰 FA1 中添加 CaO 含量的增加，熔渣试样的硬度相应地有所提高，形成新的硅酸盐晶体，明显看到晶粒的产生［见图 4-6 的 (b)（c）（d)］。由于 FA1 本身的碱基度较低，添加 CaO 后对碱基度进行了调整，在少量 CaO 含量的工况下［见图 4-6（a)］焚烧飞灰熔渣断面较平整，无明显的晶体颗粒产生，若继续增加 CaO，熔渣质地变硬，断面有层状、片状矿物晶体生成；当试样中 CaO 添加量为 15%时，熔渣断面可观察到 2～3μm 左右的微小晶粒，熔渣中硅铝酸盐类物质增多，但晶体粒径减小；CaO 添加量若达到 20%时，熔渣中游离态的 CaO 晶体增加。

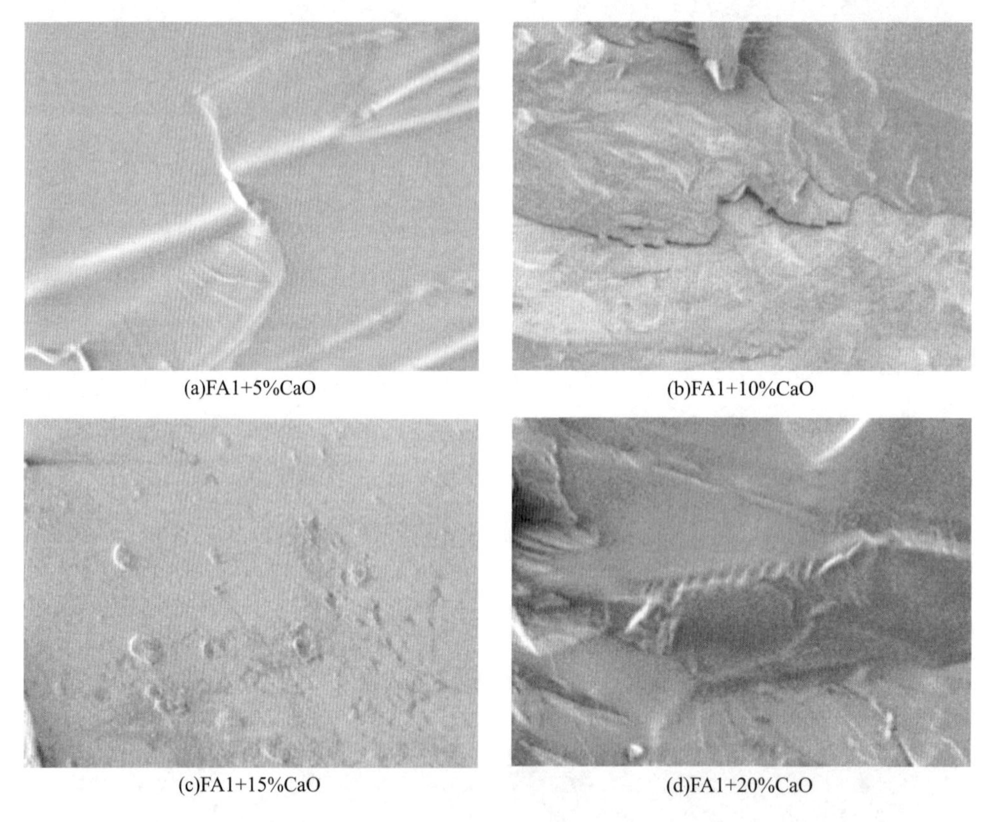

图 4-6 FA1 添加不同比例的 CaO 经熔融处理后的 SEM 照片（×3000）

熔融处理初期，颗粒间的接触面积从零开始增加，并达到一个稳定的状态，随着熔渣中晶粒生长的开始，颗粒之间的界面逐渐大范围形成，但气孔之间是形成相互连通的连续网格，而晶体颗粒界面之间仍是相互孤立而不能形成相互连续的网格。大部分的致密化过程和部分的显微结构发生转变都产生于这一过程。随着熔融过程中气孔变成孤立而晶界开始形成连续网络，孤立的气孔常位于两晶粒界面，三晶粒间的晶线或多晶粒的结合点处，也可能被包裹在晶粒中。

如图 4-7 所示为飞灰 FA3 中添加不同比例的 CaO 经熔融处理后的 SEM 照片。焚烧飞灰 FA3 试样中含有高熔点物质（如 SiO_2、Al_2O_3）较多，当添加少量 CaO 时，试样中易形成低熔点共熔体，促使试样在试验工况下达到较好的熔融状态，因为 CaO 是低熔点共熔体的重要组成部分，试样中 CaO 的增加可使低熔点共熔体组成比例上升，进而使试样更易熔融。由图 4-7 可以看出，当添加 CaO 为 5%时，熔渣呈蜂窝状结构，主要是由于该工况下试样中虽有低熔点的共熔体产生，但试样的熔点降低较少，致使其熔融不够彻底。随着 CaO 添加量的继续增加，飞灰的熔点降低，当 CaO 添加量为 10%～15%时，熔融效果最佳，熔渣表面相当平整，无细微气孔，说明试样已经变得相当致密。添加量超过极限值 15%时，试样中有豆状突起，说明试样熔点升高，熔融效果欠佳，因为 CaO 本身的熔点为 2521℃，导致混合物熔点升高。综上所述，CaO 的添加对焚烧飞灰的助熔作用是有条件的。

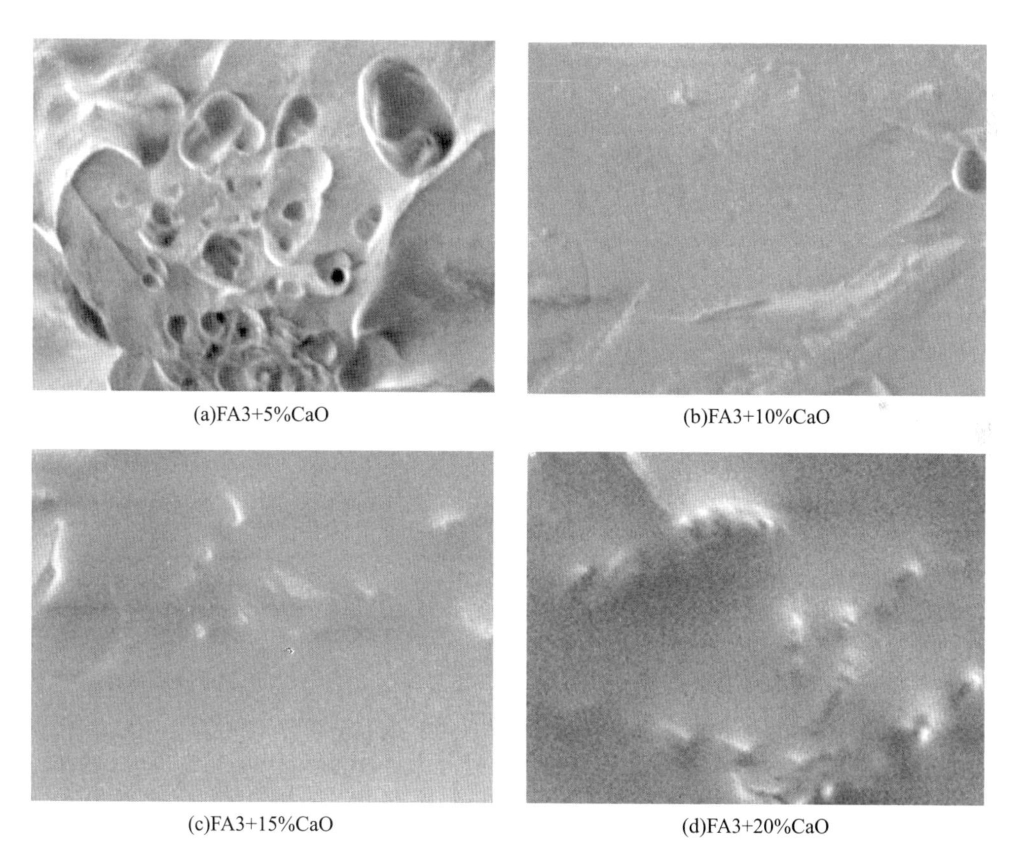

图 4-7　FA3 添加不同比例的 CaO 经熔融处理后的 SEM 照片（×3000）

4.3.1.3　SiO_2添加剂对焚烧飞灰熔融处理微观形貌的影响

焚烧飞灰 FA1 中添加 SiO_2后，在熔融过程中试样的黏流性提高，试样的熔点降低。由图 4-8（a）可见，熔融反应后熔渣断面无气孔产生，挥发性物质挥发分解生成的气孔被硅酸盐黏流体填满，熔渣总体形貌不很平坦，呈现条状细纹，局部有 5μm 大的晶粒生成；SiO_2添加量增加至10％后，熔渣断面明显地变平整，颗粒粒径变小，且外观轮廓棱角变得不分明，同时黏附在熔渣断面表面；一旦SiO_2添加量大于15％，熔渣断面颗粒就基本消失，熔渣中玻璃态物质大大增多，SiO_2在10％～40％范围内增加时熔化温度（t_3）和软化温度（t_2）的差值（t_3-t_2的数值）均呈明显上升趋势，软化点提前的原因在于，随着SiO_2含量的增加生成越来越多的无定形的玻璃体SiO_2，使飞灰提早软化并易与重金属氧化物反应形成低熔点的化合物和共熔体；同时说明添加15％以上SiO_2对焚烧飞灰的熔融处理较为有利。

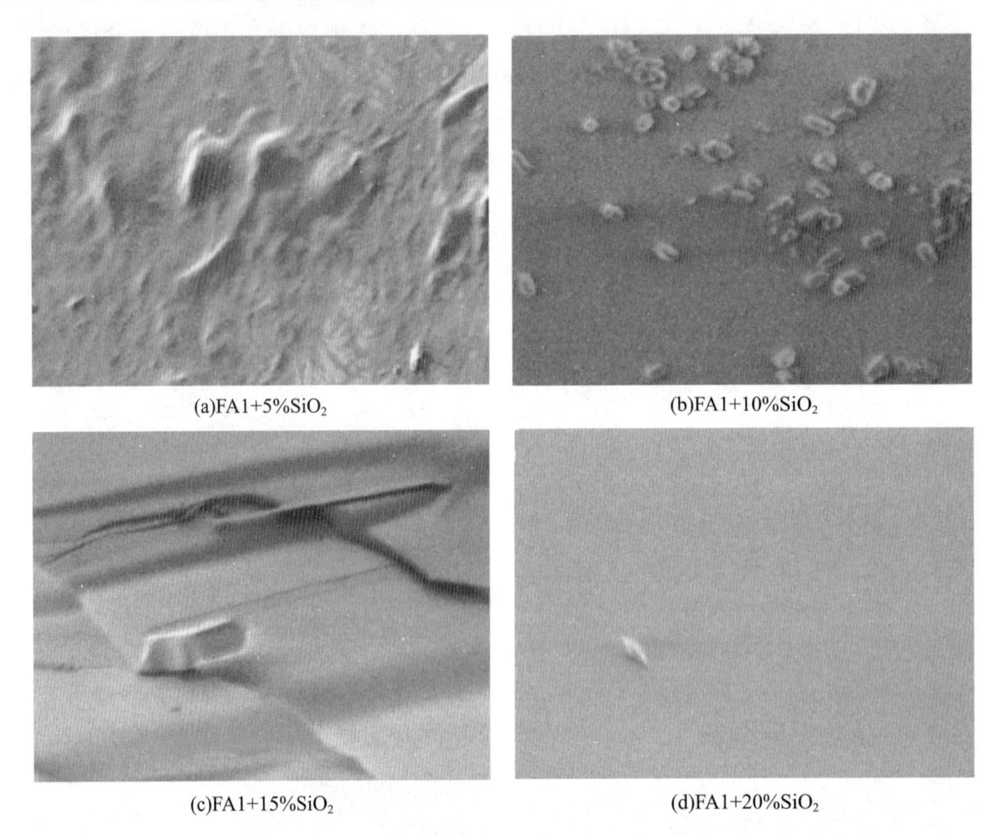

(a)FA1+5%SiO_2　(b)FA1+10%SiO_2

(c)FA1+15%SiO_2　(d)FA1+20%SiO_2

图4-8　FA1添加不同比例的SiO_2经熔融处理后的SEM照片（×3000）

由于焚烧飞灰FA3自身的熔点较FA1高，当试样中添加5％的SiO_2在熔融炉内熔融时，熔渣试样断面已熔融，熔融液相将新送入的飞灰颗粒黏结在一起。熔融颗粒冷却后成块状、球状且直径较大，内部结构紧凑；随着试样中SiO_2的增多，熔渣中无定形的玻璃态物质亦大量增加，熔渣中颗粒以球状居多，见图4-9（b）；飞灰试样中SiO_2添加量达到15％时，熔渣断面呈现相对较平整的结构，颗粒状物质逐渐减少，直至SiO_2添加量上升至20％时，颗粒物完全消失，极少数气孔是由于挥发性物质气流形成的气泡吹破熔液后所形成。由于飞灰试样FA3自身熔点较FA1高，所以结合图4-8和图4-9可看出，在不同比例的SiO_2工况下，FA1熔融效果优于FA3；由于焚烧飞灰熔融体与硅酸盐熔体具有相似的特点，它们当中均含有SiO_2和Al_2O_3，并以离子形式存在，即在焚烧飞灰熔融体中是由［SiO_4］$^{2-}$、［AlO_4］$^{5-}$形成网格。当 SiO_2 含量增高时，熔融体的黏度降低，使熔融体内质点克服摩擦力而填充微小气孔，形成质地致密的熔融残渣。

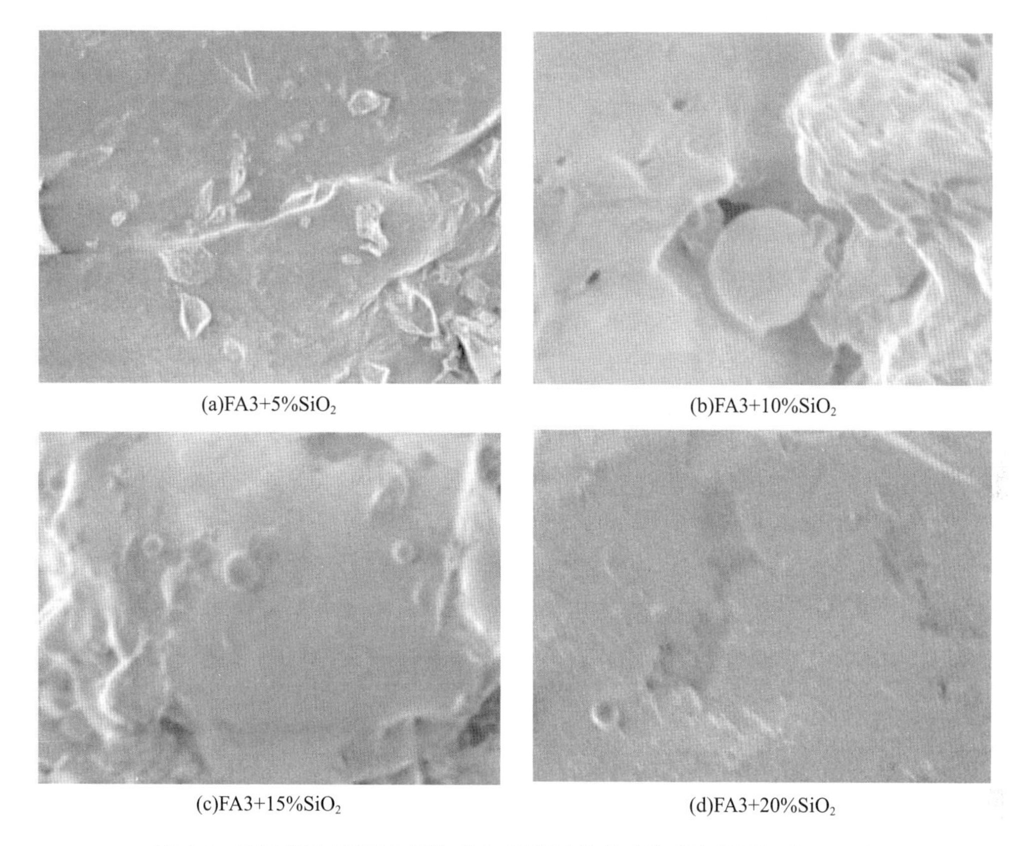

(a)FA3+5%SiO_2　(b)FA3+10%SiO_2　(c)FA3+15%SiO_2　(d)FA3+20%SiO_2

图 4-9　FA3 添加不同比例的 SiO_2 经熔融处理后的 SEM 照片（×3000）

4.3.1.4　MgO 对焚烧飞灰熔融处理微观形貌的影响

图 4-10 给出了飞灰 FA1 添加不同比例的 MgO 经熔融处理后的 SEM 照片。焚烧飞灰 FA1 中不同比例的添加 MgO 时，熔渣结构均比较平整，无气孔产生，这是由于 MgO 的介入后，液态熔渣的流动性提高，在熔融过程中自动填充了微小气孔，同时发现有较多的黑色晶体镶嵌在玻璃态熔渣中，由于熔融温度较高，晶体的棱角已经变得较模糊；随着 MgO 添加量的增加，熔渣中黑色颗粒物逐渐减少，最终当 MgO 添加量增至 20％时，几乎完全消失，且有针状晶体产生。由于焚烧飞灰的硅酸盐晶体结构中 Si-O 或 Al-O 的键结合力很强，在转变为熔融体时难以被破坏，而熔融体的质点不可能全部以简单的离子形式存在，当飞灰中添加 MgO 时，试样中原有的 Fe_2O_3、CaO 及添加的 MgO 等矿物中的金属阳离子 Ca^{2+}、Fe^{3+}、Mg^{2+} 等常常以简单离子的形式存在，它们会破坏硅铝酸盐中的网状结构，起到降低熔融体黏度的作用；同时，试样中网格被破坏后，熔渣中的简单离子将进行有序排列形成新的晶体。

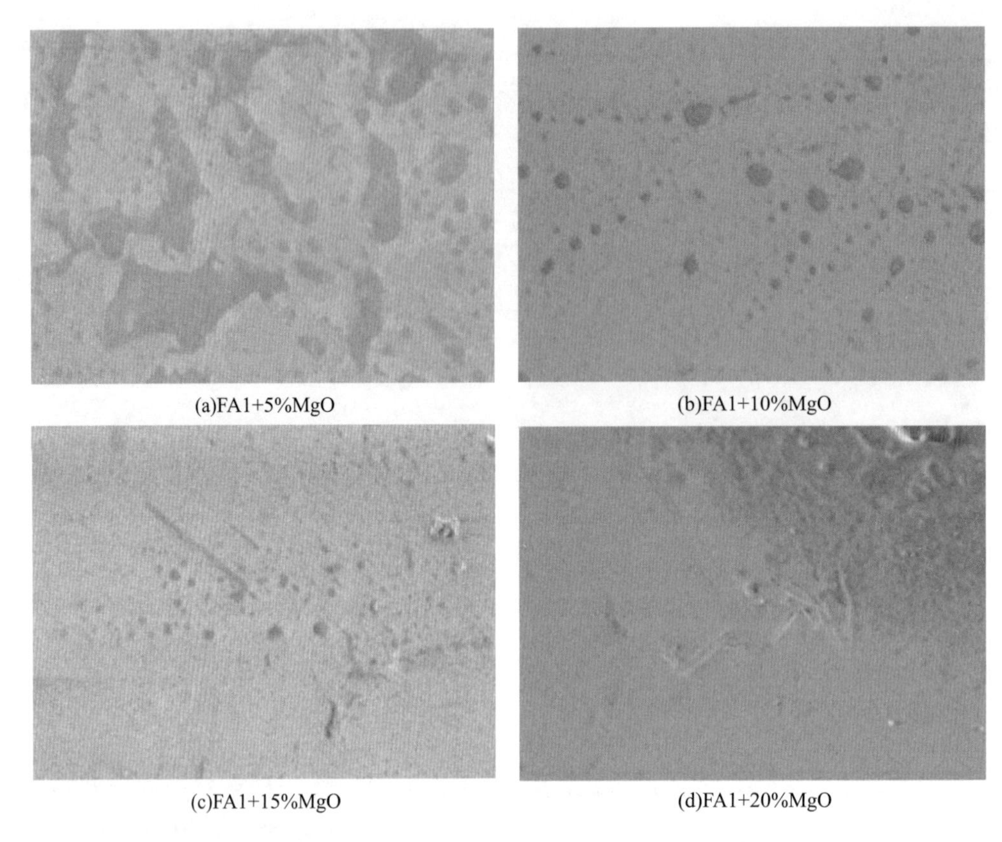

图 4-10　FA1 添加不同比例的 MgO 经熔融处理后的 SEM 照片（×3000）

焚烧飞灰 FA3 添加不同比例的 MgO 经熔融处理后的 SEM 照片如图 4-11 所示。熔融过程中熔融体气孔尺寸经历一个变大、生长过程，且伴随着晶粒增长气孔明显地增大，但如 MgO、ZnO 对熔融过程中气孔增长，颗粒重排及球化被认为是主要原因。熔渣致密化过程则明确地被认为是一个扩散传质机制，且扩散途径被限定为晶界扩散和从体积或晶界到表面的体积扩散，其他扩散传质途径如表面扩散或从表面到表面的体积扩散被认为对致密化无贡献。由于飞灰 FA3 是煤和生活垃圾混合焚烧所产生，其熔点较纯垃圾焚烧产生的飞灰 FA1 高，故添加 5％的 MgO 时，仍有较多蜂窝状气孔形成，熔渣断面较 FA1 粗糙；随着 MgO 添加量的上升，多孔结构渐渐变小消失，熔渣产生不同粒径的晶体；继续添加 MgO 后，晶体形成团状物，进而熔流成条纹状。

4.3.2　焚烧飞灰熔融处理矿物组成分析

X 射线衍射是一种有效的鉴别矿物种类的分析工具，该分析方法具有非破坏性、制样简单、测量精度高等优点。由于绝大部分固体无机物和部分有机物是分子和原子有序排列的晶体。当 X 射线照射这种晶体结构时，将受到晶体点阵排列的不同原子或分子所衍射。通过分析焚烧飞灰熔融前后的 X 射线衍射图谱就可鉴别出飞灰或熔渣试样中所含各种矿物质的种类。X 射线衍射是通过测量晶体的晶面间距来确定其晶体类型的。根据布拉格方程式：

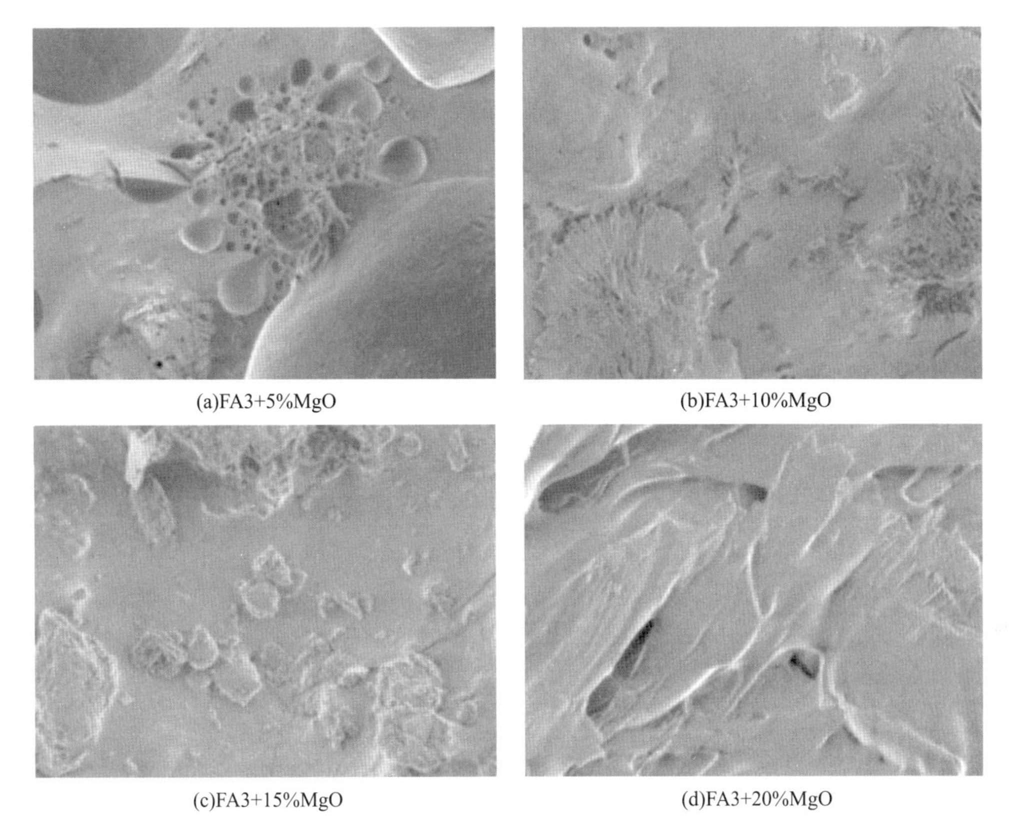

图 4-11　FA3 添加不同比例的 MgO 经熔融处理后的 SEM 照片（×3000）

$$2d \cdot \sin\theta = n\lambda \tag{4-1}$$

式中，n 为任意正整数，λ 为 X 射线波长，单位 10^{-10}m；d 为晶体的晶面间距，单位 10^{-10}m；θ 为 X 射线对晶面的衍射角。观察到 θ 角可转变为相应的 d 值，由晶面间距 d 值就可确定矿物种类。由于焚烧飞灰中矿物质较为复杂，在熔融过程中矿物的晶型要发生转变，当温度超过一定值后转变为非晶相的玻璃体，这个转变过程可用 X 射线衍射进行分析。

4.3.2.1　CaO 对焚烧飞灰熔融处理试样矿物组成的影响

在焚烧飞灰熔融处理过程中，为了降低飞灰的熔点和液态熔渣的黏度，焚烧飞灰中可添加一定比例的 CaO 进行熔融试验。如图 4-12 所示为焚烧飞灰 FA1 添加 5%、10%、15%和 20%的 CaO 熔融处理水冷后熔渣试样的 XRD 图谱。FA1 中添加 5%的 CaO 时，采用快速水冷冷却后熔渣的晶相为：钙长石（$CaAl_2Si_2O_8$）、钙铝黄长石（$Ca_2Al_2SiO_7$）、假硅灰石（$CaSiO_3$）和铁铝榴石（$Fe_3Al_2Si_3O_{12}$），随着 CaO 的添加量增加至 10%时，熔渣试样中晶体数量及种类均有所减少，继续增加的 CaO 添加量，熔渣中晶体相种类增加，熔渣的稳定性降低。根据 XRD 分析结果，可推定在熔融温度下，试样与 CaO 发生如下反应：

$$3Al_2O_3 \cdot 2SiO_2 + CaO \rightarrow CaO \cdot 3Al_2O_3 \cdot 2SiO_2 \quad (4\text{-}2)$$

$$CaO \cdot Al_2O_3 \cdot 2SiO_2 + CaO \rightarrow 2CaO \cdot Al_2O_3 \cdot 2SiO_2 \quad (4\text{-}3)$$

$$SiO_2 + CaO \rightarrow CaO \cdot SiO_2 \quad (4\text{-}4)$$

焚烧飞灰 FA3 中添加 5%的 CaO 后，熔渣中晶相多为硅酸盐和硅铝酸盐：$CaSiO_3$、$CaAl_2Si_2O_8$、$Ca_2Al_2SiO_7$、Fe_2SiO_4，如图 4-13 所示。随着 CaO 添加量增长，熔渣中晶体析出有所减少。总体上讲，CaO 添加量的增加对于熔点较高的飞灰 FA3 晶相变化影响较小，但生成的仍为硅酸盐和硅铝酸盐化合物。

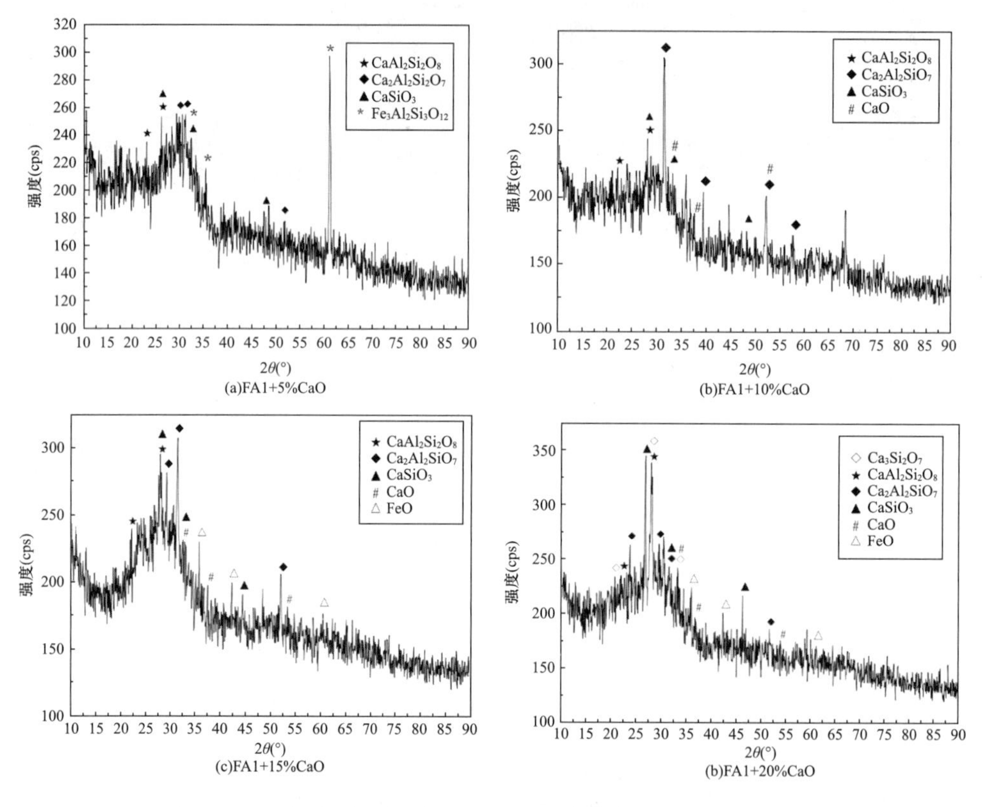

图 4-12　FA1 添加不同比例的 CaO 经熔融处理后的 XRD 图谱

4.3.2.2　SiO_2对焚烧飞灰熔融处理试样矿物组成的影响

飞灰 FA1 添加不同比例的 SiO_2经熔融处理后的 XRD 图谱如图 4-14 所示。由图 4-14 可知，FA1 试样中添加 5%的 SiO_2时，熔渣中产生的晶相多为：$Ca_3Si_2O_7$、$Ca_2Al_2SiO_7$、$CaSiO_3$、$FeSiO_3$、Fe_2SiO_4，经过快速水冷后的熔渣试样随着 SiO_2添加量的增加，产生的晶体种类及数量明显减少，而非晶态玻璃相增多，当 SiO_2的添加量为 20%时，熔渣除了有部分钙铝黄长石（$Ca_2Al_2SiO_7$）和假硅灰石外（$CaSiO_3$），其余均为玻璃态物质，同时说明 SiO_2的添加对焚烧飞灰熔融处理过程中形成玻璃态物质有利，使熔渣中重金属转移到玻璃态物质的致密网状结构中的比例大大升高，SiO_2含量越高，熔渣稳定性相对越好。

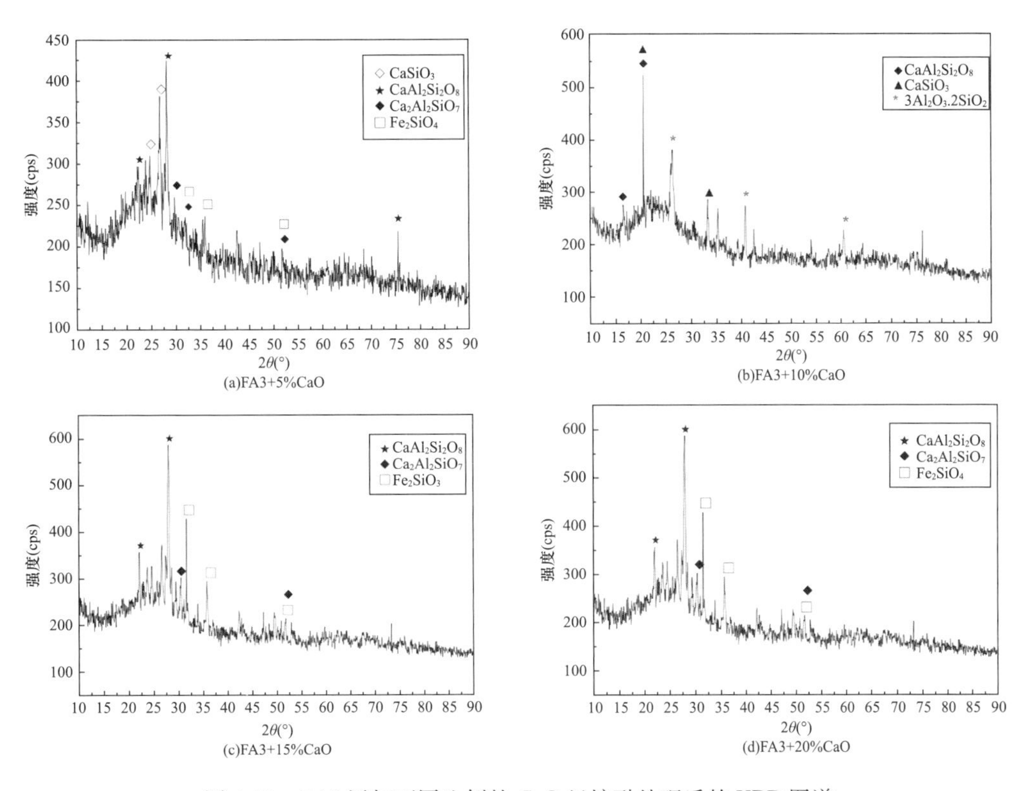

图 4-13　FA3 添加不同比例的 CaO 经熔融处理后的 XRD 图谱

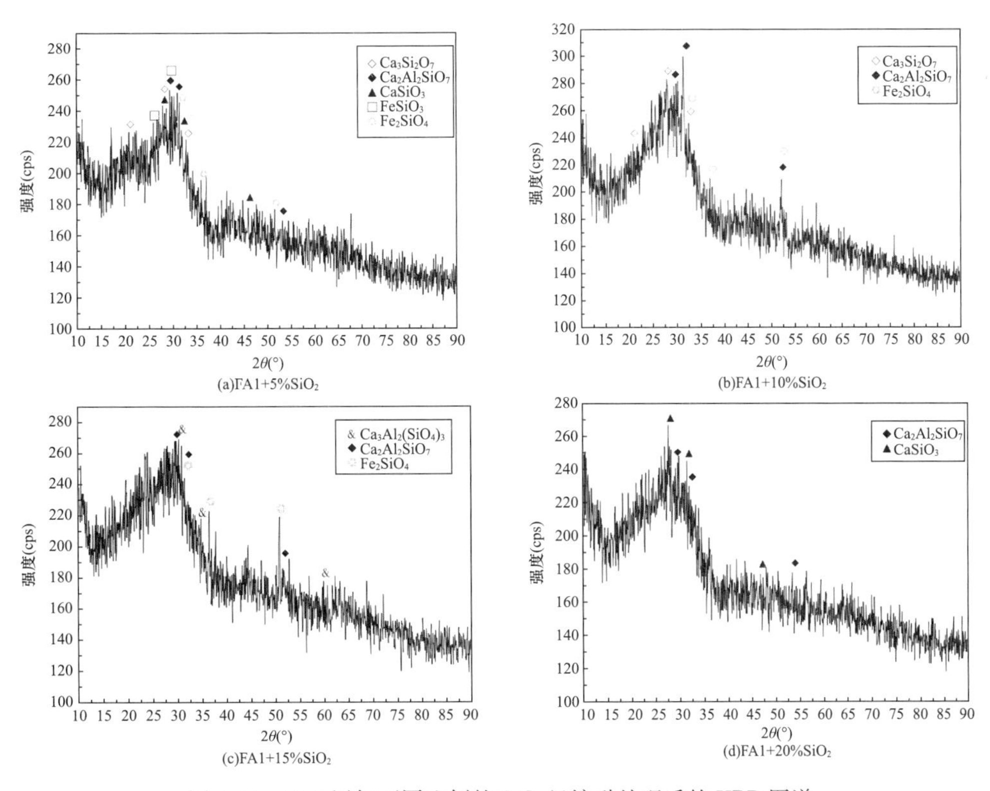

图 4-14　FA1 添加不同比例的 SiO_2 经熔融处理后的 XRD 图谱

图 4-15 是为焚烧飞灰 FA3 添加不同比例的 SiO_2 经熔融处理后的 XRD 图谱。由图 4-15 可知，添加 SiO_2 时 FA3 熔渣的谱线比 FA1 的明显，且随着 SiO_2 添加比例的增加，FA3 试样中晶体相的种类和数量逐渐减少，是由于 SiO_2 含量的增加使试样的碱基度降低，试样的熔点将随着碱基度降低而降低，进而使试样玻璃化程度加深，形成无定形的玻璃态物质增多，晶体种类及数量随之减少。

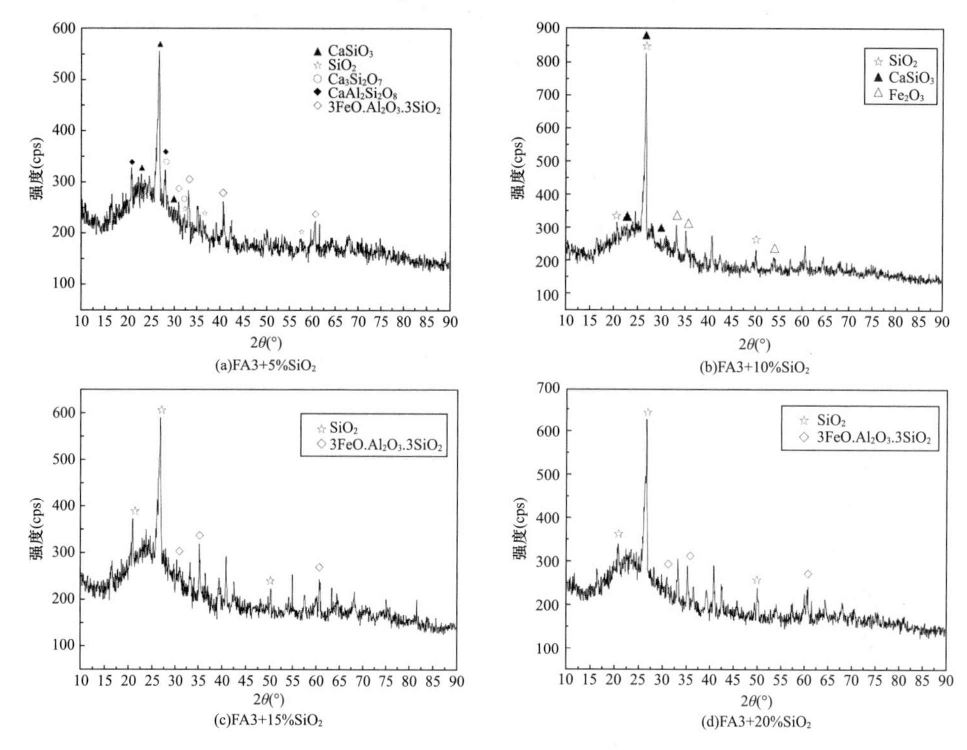

图 4-15 FA3 添加不同比例的 SiO_2 经熔融处理后的 XRD 图谱

4.3.2.3 MgO 对焚烧飞灰熔融处理试样矿物组成的影响

焚烧飞灰 FA1 添加不同比例的 MgO 经熔融处理后的 XRD 图谱如图 4-16 所示。FA1 中添加 5%的 MgO 后，试样中明显有 $Mg_2Si_2O_6$、$Ca_3Si_2O_7$、$CaAl_2Si_2O_8$、$Ca_2Al_2SiO_7$、$3Al_2O_3 \cdot 2SiO_2$ 等晶体产生，同时发现试样的玻璃化程度加深，添加量控制作 10%～15%左右时，熔渣中的晶体相略有减少，$Mg_2Si_2O_6$ 仍然是熔渣中的主要晶相，原因是试样中 Mg^{2+} 增多，替代 Ca^{2+}、Si^{4+} 的几率大大增加，同时由于 MgO 的介入对重金属的固溶率具有提高作用。

焚烧飞灰 FA3 添加不同比例的 MgO 经熔融处理后的 XRD 图谱如图 4-17 所示。与焚烧飞灰 FA1 相比，虽然二者添加 MgO 后熔渣的成分都很复杂，但 FA3 中添加 MgO 产生的晶体相比 FA1 更为明显，在相同工况条件下其熔渣比 FA1 玻璃化程度要差，这是由于 FA3 熔点比 FA1 熔点高的缘故。当 FA3 试样中 MgO 添加量为 20%时，熔渣中的晶体相主要为 $(MgFe)_2SiO_4$、$Fe_3Al_2Si_3O_{12}$、$Ca_2MgSi_2O_7$，其熔渣晶体相鉴别虽没低添加量时明显，但其熔渣玻璃化程度却比低 MgO 添加量的试样深。

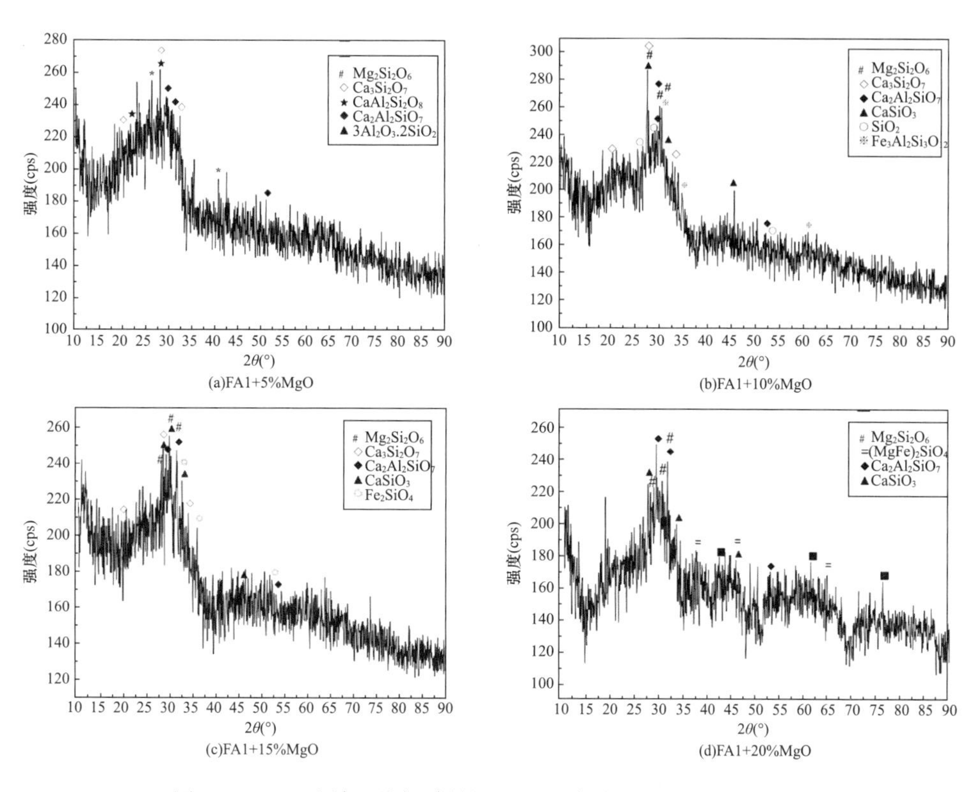

图 4-16　FA1 添加不同比例的 MgO 经熔融处理后的 XRD 图谱

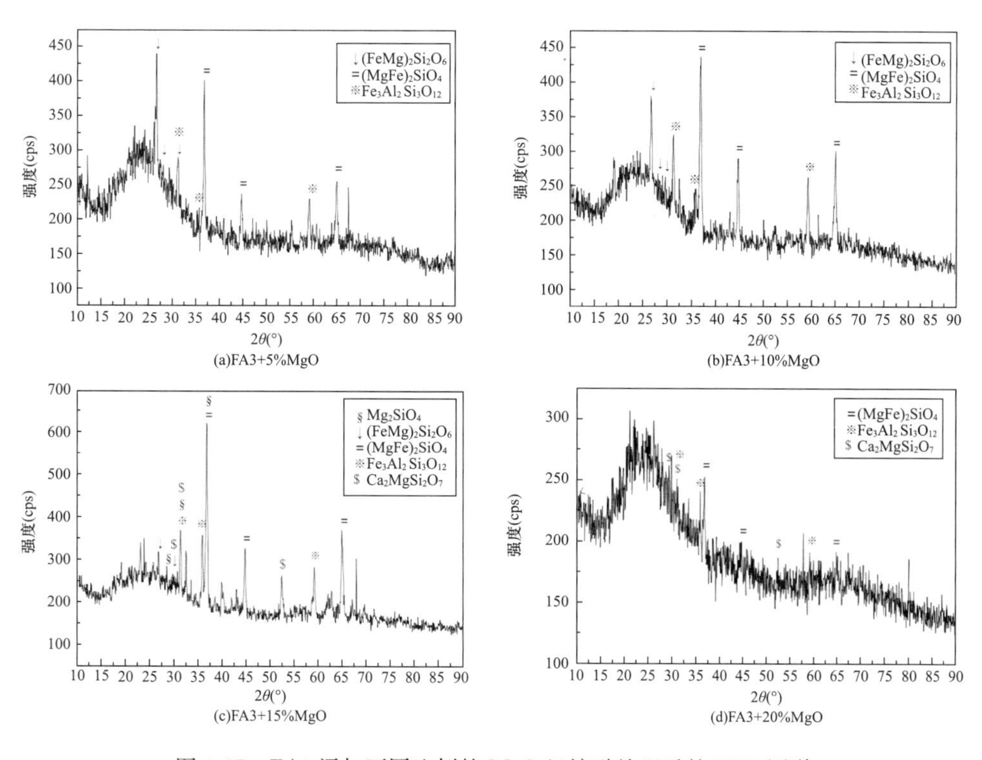

图 4-17　FA3 添加不同比例的 MgO 经熔融处理后的 XRD 图谱

4.3.3 垃圾焚烧飞灰熔融过程中重金属赋存行为研究

4.3.3.1 熔融温度对焚烧飞灰熔融过程中重金属固溶行为的影响

在1250～1400℃温度范围内，焚烧飞灰FA1的熔融温度与重金属固溶率关系见图4-18。可以发现，对于难挥发性重金属而言，当熔融温度超过1300℃时，固溶率几乎均达到50%以上，Co对熔融温度不太敏感，固溶率在1400℃时最高，仅为41.7%，在1350℃时略有减少；而重金属Cr、Ni在不同熔融温度下固溶率均大于90%，由于Cr属于难挥发性重金属，其在飞灰中可能存在的形态为：氯化铬（沸点1200～1500℃）及氧化铬（熔点1900℃）。因此，熔融温度对它们的影响较小。

对于易挥发性重金属As、Hg、Cd、Zn、Pb，熔融温度对它们固溶率的影响较显著，见图4-19。As的固溶率随熔融温度的升高呈下降趋势，在1400℃时降至最低15.1%。而Zn恰好相反，在1400℃时上升至34.1%，说明熔融温度较高时有利于提高Zn的固溶率。Cd、Pb有着相似的固溶规律，在不同熔融温度条件下，呈先增后减的复杂趋势；固溶率在1300℃时最高，Pb的固溶率为18.7%，Cd的固溶率为7.2%，这是由于在该温度生成$CdAl_2O_4$，从而限制了Cd的挥发。Hg的固溶率对熔融温度最为敏感，熔融温度超过1300℃时，甚至完全挥发。

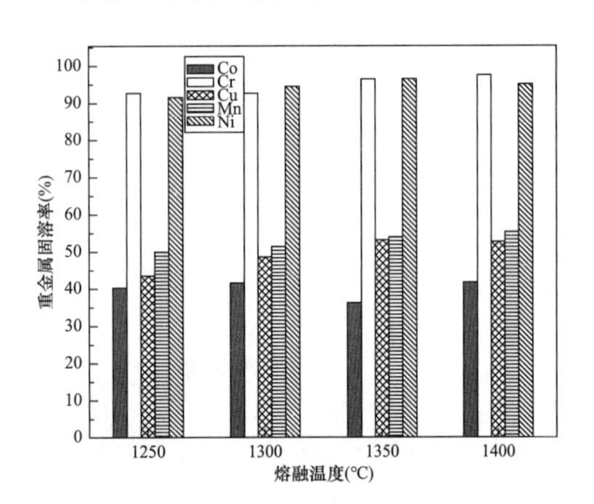

图4-18 FA1熔融过程中熔融温度与难挥发性重金属固溶率的关系

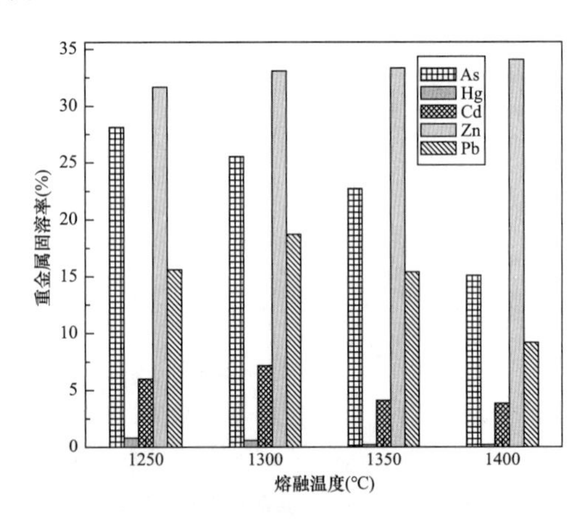

图4-19 FA1熔融过程中熔融温度与易挥发性重金属固溶率的关系

焚烧飞灰FA3在1250～1400℃温度范围重金属的固溶率见图4-20。由图4-20可知，随着熔融温度的升高，重金属Ni、Cr、Cu、Co、Mn的固溶率均呈增长趋势，尤其是Cr、Ni，在1400℃时固溶率分别达到95.6%和91.7%，说明熔融温度对重金属Cr、Ni的固溶率有较大的影响。Co、Mn的固溶率在该温度范围内增长缓慢，表明熔融温度对二者影响较小。同时表明，在较高的熔融温度（>1300℃）熔融时，熔融处理对焚烧飞灰中难挥发性重金属有较好的固溶效果。

图4-21给出了FA3在熔融过程中熔融温度与易挥发性重金属固溶率的关系。熔融

温度对各种重金属固溶率的影响差别较大。对于FA3飞灰，熔融处理对重金属Pb、Cd固溶效果有显著提高，对Zn、As相对较差。Pb的固溶率在1350℃时最高为41.5%；Cd在飞灰中多以无机态存在，其熔点和沸点较As高，所以Cd的释放比As慢，其固溶率在1300℃时达到最大值33.3%；Cd、As的固溶率虽有较大差别，但总体上讲，在不同的熔融温度下有着相似的规律。Hg在试验工况下，仅有小于1.5%的Hg固溶率稳定在熔渣中，其余几乎全部挥发至熔融烟气中。

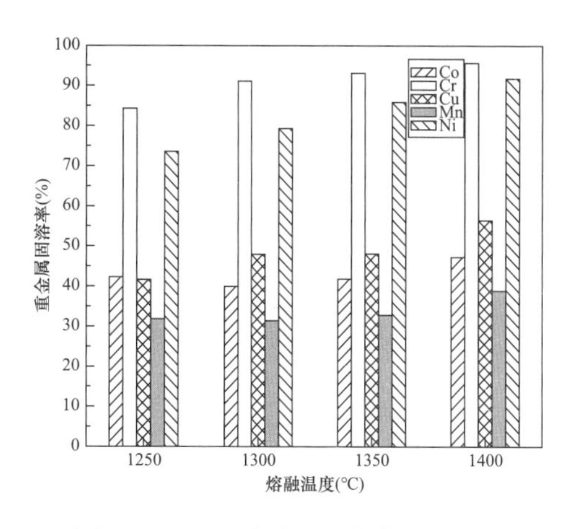

图4-20　FA3熔融过程中熔融温度与难挥发性重金属固溶率的关系

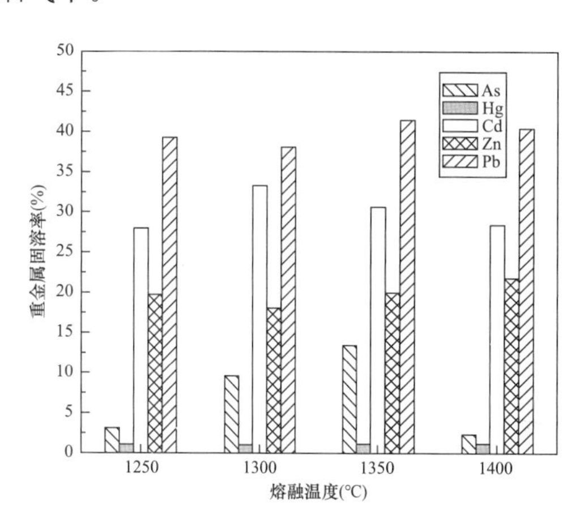

图4-21　FA3熔融过程中熔融温度与易挥发性重金属固溶率的关系

4.3.3.2　固体添加剂对焚烧飞灰熔融过程中重金属固溶行为的影响

由于各种重金属元素本身的化学性质以及在飞灰中存在形态的不同，它们在熔融过程中的行为亦有所不同。重金属元素在飞灰中多以无机物形态存在，包括硫化物、碳酸盐、硅酸盐和铝硅酸盐等。

为了研究不同添加剂条件下焚烧飞灰熔融处理重金属行为的影响，本章主要考察了CaO、SiO_2、MgO等添加剂含量对焚烧飞灰熔融过程中重金属元素（Co、Cr、Cu、Ni、Mn、As、Hg、Cd、Zn、Pb）固溶率的影响情况，探索重金属在飞灰熔渣中的迁移规律，以寻找一两种适合焚烧飞灰熔融处理且提高重金属固溶率的添加剂，找到合适的添加剂比例，使大部分重金属尽可能多地固溶在焚烧飞灰熔融处理后的熔渣中，减少重金属在焚烧飞灰熔融处理过程中向大气中的排放。

4.3.3.2.1　CaO对焚烧飞灰熔融过程中重金属固溶行为的影响

添加CaO等物质促进飞灰的熔融、降低飞灰的熔点并降低熔渣的黏度，并认为飞灰中添加CaO等添加剂可以提高重金属固溶率。Takaoka下水污泥焚烧飞灰研究发现，当CaO/SiO_2在1.2～1.4时，Pb，Cd、Cu、Zn的固溶率都在80%以上。

由图4-22可知，随着飞灰FA1试样中CaO含量的增加，各种重金属的固溶率变化各异。除Ni、Co的固溶率随CaO添加量的增加而增加外，Cr、Cu、Mn的固溶率均随试样中CaO添加量的增加而减少，其中Cu的固溶率变化最为显著，说明碱性氧化物的添加对试样中Cr、Cu、Mn的固溶有明显抑制作用。

FA1熔融过程中CaO添加量与易挥发性重金属的固溶率之间的关系如图4-23所示。As、Zn、Pb随着CaO添加量的增加呈先增后减趋势，As、Zn、Pb较为明显，CaO的添加对Cd的固溶具有促进作用；当FA1中掺入少量CaO（添加5%）时，Pb的固溶率急速上升，当超过5%的临界点后，Pb的固溶率又呈逐渐减少的趋势。CaO添加剂对重金属Hg的固溶率影响较小，除了添加5%的CaO时试样中Hg有少量固溶外，其余工况Hg均大量挥发。因此，CaO添加剂量控制在5%左右时，对于易挥发性重金属的固溶有明显促进作用，若超过该临界点CaO就会对As、Cd、Zn、Pb的固溶率有抑制效应。

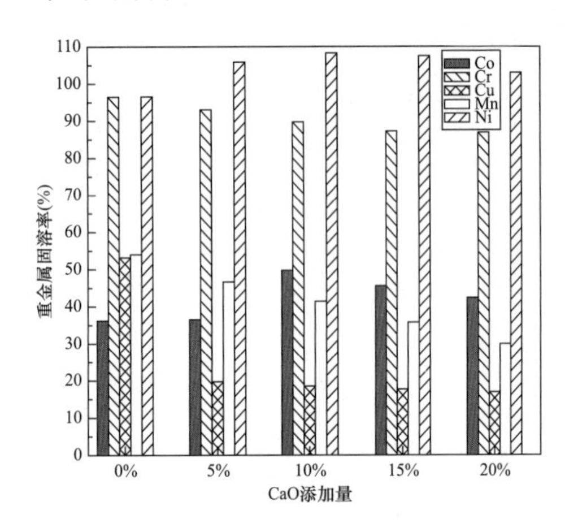

图4-22　FA1熔融过程中CaO添加量与难挥发性重金属固溶率的关系

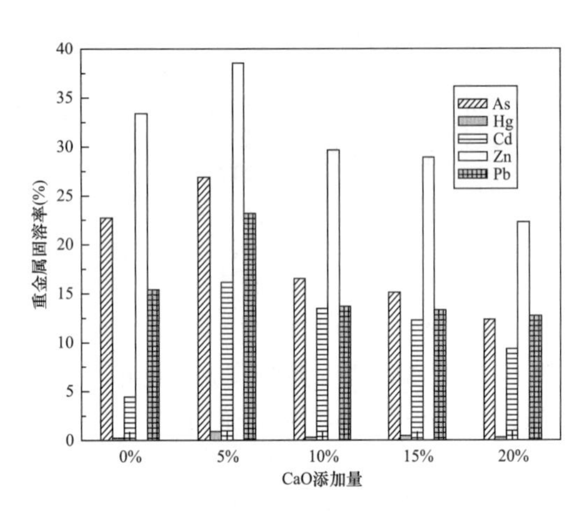

图4-23　FA1熔融过程中CaO添加量与易挥发性重金属固溶率的关系

FA3在熔融过程中CaO添加比例与难挥发性重金属的固溶率的关系如图4-24所示。添加CaO对难挥发性重金属Cu、Co有抑制作用，随着CaO添加量的增加，Co、Cu的固溶率缓慢减少，就Co和Cu而言，无添加剂时在熔渣中固溶程度最高；Ni、Cr的固溶率对于CaO添加剂的多少不很敏感，仅在5%左右时略微减少，但仍达到80%以上，随后固溶率又增至未添加添加剂前的时状态。对于Mn，CaO的含量多寡对其固溶率的影响并无明显规律，但飞灰试样中CaO添加量大于10%以后，Mn的固溶率明显减少，说明添加少量的CaO对重金属Mn的固溶率影响甚微，当进一步增加时CaO将对Mn的固溶率有较显著的抑制作用。

图4-25给出了FA3熔融过程中CaO添加量与易挥发性重金属的固溶率之间的关系。对于易挥发性重金属，当CaO添加量为5%时，飞灰FA3中Cd、Pb的固溶率有较大幅度的提高，并达到最大值，继续增加CaO的添加量，二者的固溶率明显减少；CaO对As、Zn的固溶有负面影响，当试样中CaO添加量为5%时，Zn的固溶率降至最低，对于As，CaO添加量为10%时As的固溶率降至最小值。对于低沸点重金属Hg，无论CaO含量添加得多与少，对Hg的固溶率影响均不显著。

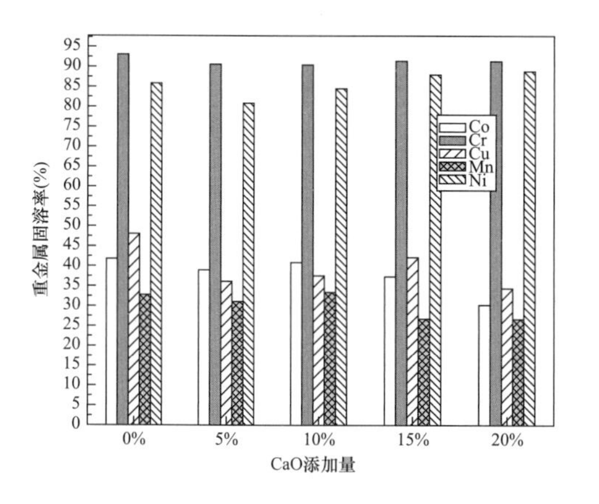

图 4-24 FA3 熔融过程中 CaO 添加量与难挥发性重金属固溶率的关系

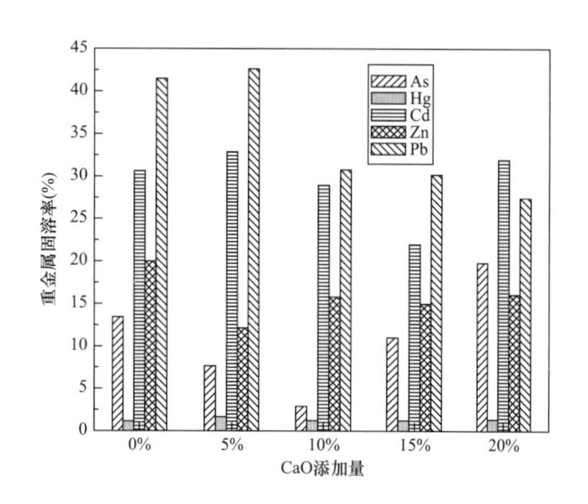

图 4-25 FA3 熔融过程中 CaO 添加量与易挥发性重金属固溶率的关系

4.3.3.2.2 SiO_2对焚烧飞灰熔融过程中重金属固溶的影响

在熔融过程中，层状硅酸盐中四面体片的 Si^{4+}，可以由 Cr^{3+}、Ni^{2+}、Zn^{2+}等八面体配位的阳离子来置换。由于同形置换虽是晶体结构上的点式缺陷，但是，这种点式缺陷不仅会使晶片电荷不平衡，而且还会改变四面体或八面体的大小，使整个结构发生畸变，晶胞参数也随之改变。

焚烧飞灰 FA1 中添加 SiO_2 对于重金属固溶率的影响如图 4-26 所示。由图可知，Ni、Cr 的固溶率随 SiO_2 添加量的增加而增加，甚至达到 102%，在添加不同比例的 SiO_2工况条件下，Cr、Ni 的固溶率均达到 95%以上，Cr、Ni 的游离态沸点很高，分别为 2482℃、2732℃，在熔融温度为 1400℃下熔融时，Cr、Ni 的挥发作用并不强烈；Co、Cu、Mn 的固溶率与飞灰 FA1 试样中 SiO_2添加量有着直接关系，随着 SiO_2添加量的增加，呈增长趋势，分别在 SiO_2添加量为 20%时达到最大值。

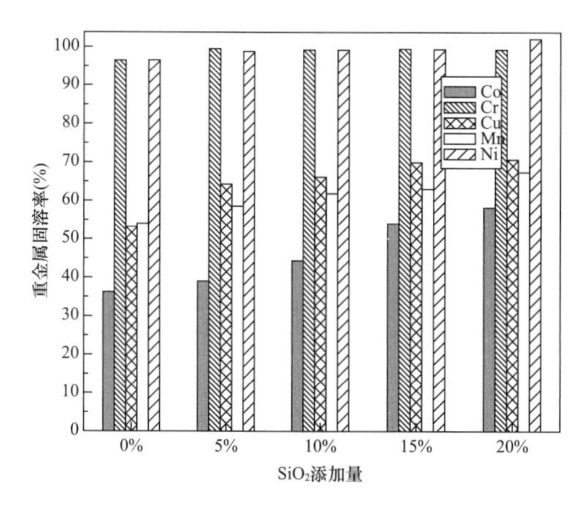

图 4-26 FA1 熔融过程中 SiO_2添加量与难挥发性重金属固溶率的关系

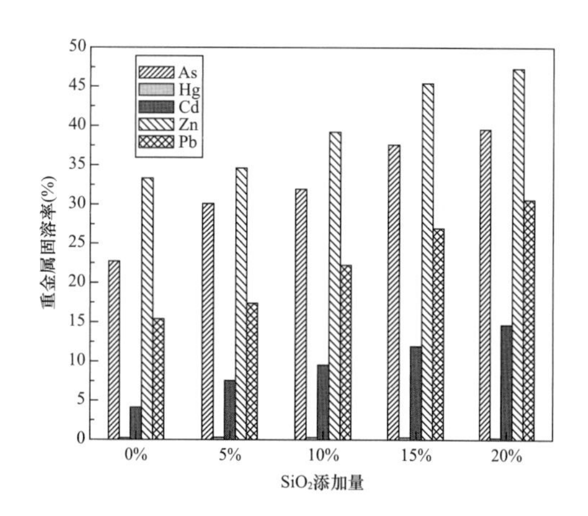

图 4-27 FA1 熔融过程中 SiO_2添加量与易挥发性重金属固溶率的关系

对于易挥发性重金属As、Cd、Zn、Pb，随着飞灰FA1中SiO_2掺入量的增大，它们的固溶率呈显著上升态势，尤其是Zn、As在SiO_2添加量为20%工况下，分别达到47.3%和40%。说明飞灰FA1中SiO_2的添加对飞灰中重金属元素的固溶有显著效果，主要由于试样中Si^{4+}的增多，重金属与其发生同形置换的机会大大增加，从而使其固溶率显著提高。在飞灰熔融过程中，重金属氧化物（MO）与试样中的SiO_2、NaCl发生化学反应转化为重金属氯化物MCl_2，其中一部分进一步分解，另一部分重金属氯化物发生如下反应形成稳定的硅酸盐化合物，反应式如为：

$$2xMCl_2+ySiO_2+xO_2 \rightarrow 2xMO \cdot ySiO_2+2xCl_2 \tag{4-5}$$

$$xMCl_2+ySiO_2+xH_2O \rightarrow xMO \cdot ySiO_2+2xHCl \tag{4-6}$$

另外，从图4-27中可以看出，无论何种工况下，Hg的固溶率都非常小，是由于高温熔融处理焚烧飞灰时，Hg在升温过程中就发生了分解反应而挥发至烟道气当中，因此，Hg的固溶率在图4-27中显示值极低。

在焚烧飞灰FA3中分别添加5%、10%、15%和20%的SiO_2，在1400℃熔融处理，难挥发性重金属固溶率与SiO_2添加量的关系如图4-28所示。由图可知，SiO_2添加剂对重金属的固溶率有一定程度的影响。对于Cu、Co、Mn影响显著，随着试样中SiO_2添加量的增加，固溶率逐步提高，添加SiO_2后Cr、Ni的固溶率略有增长，但程度轻微，这是由于二者在不掺入添加剂的固溶率就已经达到85%以上。

图4-29为FA3在熔融过程中添加不同比例的SiO_2与易挥发性重金属的固溶率之间的关系。对于易挥发性重金属，As、Cd、Zn的固溶率均随着SiO_2掺入量的增大而呈线性增长，Cd对SiO_2的添加最为敏感，当SiO_2添加量为20%值时，其固溶率达到43.9%。值得指出的是Pb，当SiO_2掺入量为5%时，其固溶率迅速减少，继续增加SiO_2至10%后，其固溶率又快速上升，然后又随着SiO_2掺入量的增加而减少；说明Pb的固溶率对SiO_2的介入其固溶率有明显变化，总体上讲，SiO_2的添加对Pb固溶率的提高无促进作用。对于Hg，除了试样中添加量SiO_2在20%时其固溶率略有增长外，多数情况下，Hg的固溶率都在1.0%左右，Hg均绝大部分挥发至熔融炉的烟气当中。由试验结果可知，对于飞灰FA3来说，SiO_2添加量控制在10%左右时，对提高多数重金属的固溶率有利。

4.3.3.2.3 MgO对焚烧飞灰熔融过程中重金属固溶行为的影响

图4-30给出了FA1在熔融过程中MgO添加量与难挥发性重金属的固溶率的关系。飞灰FA1中添加不同比例的MgO熔融后，Ni、Co、Mn的固溶率对MgO的添加均较敏感，随着MgO添加量的增加呈线性增长，Cu、Cr的固溶率随MgO添加量的增加而缓慢上升，当FA1中MgO添加量为15%时，Cu和Cr的固溶率均达到最大值，随后就略有下降；而Cr的固溶率高达99.9%，说明Cr完全固溶于飞灰FA1熔渣当中。

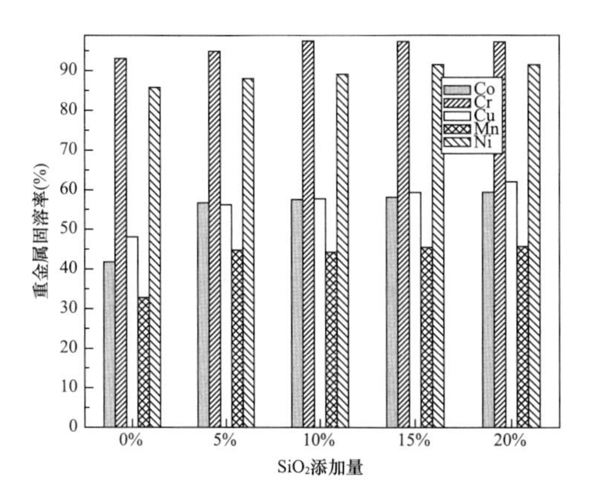

图 4-28　FA3 在熔融过程中 SiO_2 添加量与难挥发性重金属固溶率的关系

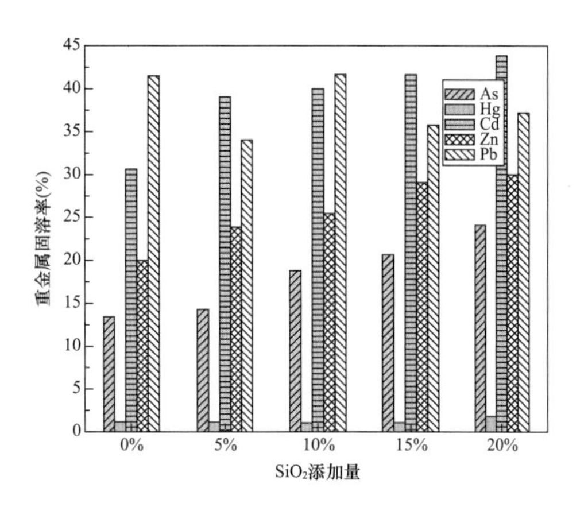

图 4-29　FA3 熔融过程中 SiO_2 添加量与易挥发性重金属固溶率的关系

图 4-31 为 FA1 在熔融过程中添加不同比例的 MgO 与易挥发性重金属的固溶率之间的关系。对于易挥发性重金属，随着 MgO 添加剂比例的增加，Zn、As、Cd、Pb 的固溶率明显递增，As、Cd 的固溶率在 MgO 添加量为 20％工况处增至最大值，而 Zn、Pb 的固溶率在 MgO 添加量为 15％时就已经达到最大值，MgO 添加量超过临界点后二者的固溶率就开始下降。MgO 对重金属 Hg 的固溶效果并不突出，各种工况下 Hg 的固溶率均不大于 1％。同时，由图 4-31 可知，MgO 对于挥发性重金属固溶率的提高具有良好的促进作用，可将相当比例的重金属固溶、稳定在熔渣晶体网格中。

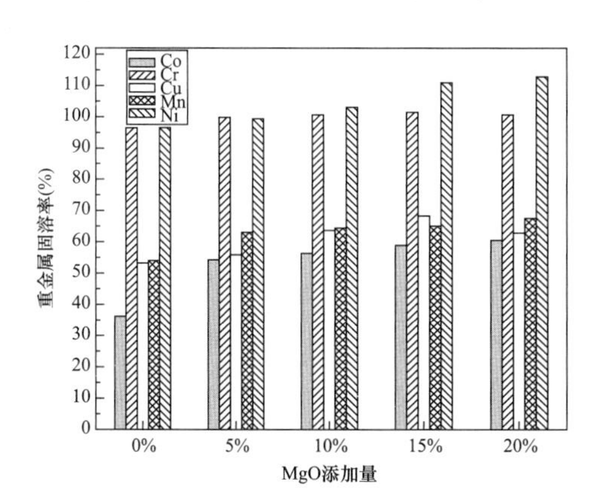

图 4-30　FA1 熔融过程中 MgO 添加量与难挥发性重金属固溶率的关系

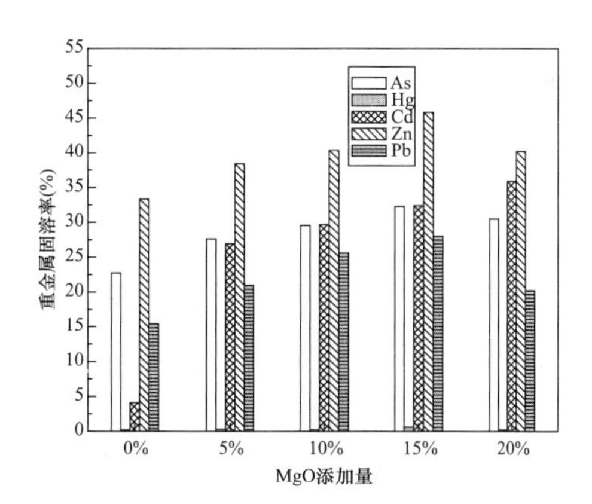

图 4-31　FA1 熔融过程中 MgO 添加量与易挥发性重金属固溶率的关系

MgO 对焚烧飞灰 FA3 熔融过程中难挥发性重金属的固溶率影响关系见图 4-32。MgO 添加剂与飞灰中 Ni、Cr、Co 的固溶率呈良好的正相关，但 Ni、Cr 的固溶率在 MgO 添加量大于 10％后，呈缓慢下降趋势，Co 的固溶率仍平稳增长，不过 3 种重金属的固溶率均比相同熔融条件下不添加任何添加剂时重金属的固溶率要高。当 MgO 添加剂为 10％时，Ni、Cr 的固溶率分别升至 99.4％和 99.99％；Cu、Mn 的固溶率随着

MgO 添加量的增加而呈先增后减态势，说明 MgO 添加剂是一种良好的重金属固溶促进剂，但其添加比例具有一定的限制性。

图 4-33 为飞灰 FA3 在熔融过程中 MgO 添加量与易挥发性重金属的固溶率的关系。对易挥发性重金属 Cd、Pb、Zn 而言，MgO 的添加使它们的固溶率明显提高至 30%以上，其中 Zn 的固溶率提高得最为显著，在 MgO 添加量为 10%工况下增至 52.6%，Cd、Pb 的固溶率也在 10%处达到最大值；熔融过程中由于碱金属氯化物 Zn、Cd 的影响很微弱，且 Zn、Cd 易与试样中的 Al_2O_3形成稳定的 $ZnAl_2O_4$、$CdAl_2O_4$。As 的固溶率随 MgO 添加量过极点（10%）时仍平稳上升；Hg 的固溶率无明显变化，仅有少量增加；FA3 试样在添加不同比例的 MgO 添加剂熔融过程中，易挥发性重金属的固溶率由高到低顺序依次为：Zn>Cd>Pb>As>Hg。

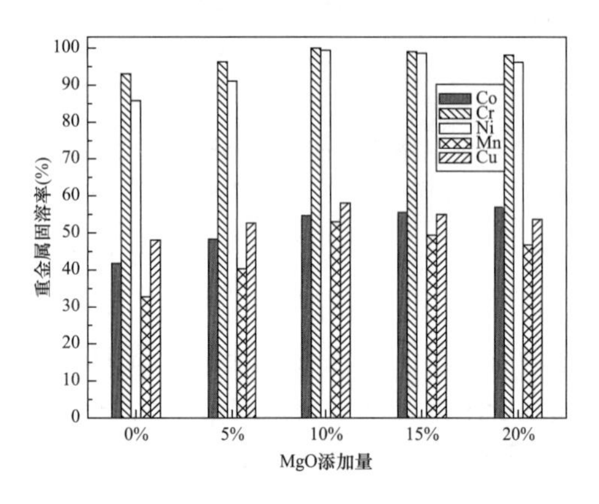

图 4-32　FA3 熔融过程中 MgO 添加量与难挥发性重金属固溶率的关系

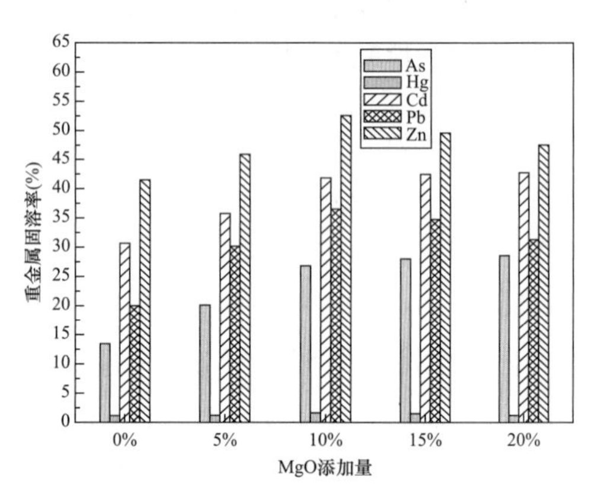

图 4-33　FA3 熔融过程中 MgO 添加量与易挥发性重金属固溶率的关系

4.3.4　焚烧飞灰熔融过程中重金属迁移行为研究

4.3.4.1　熔融温度对飞灰熔融过程中重金属挥发行为的影响

熔融温度对飞灰 FA1 熔融过程中重金属挥发行为的影响如图 4-34 所示。由图可知，熔融温度对重金属 Ni、Cr 的影响不是很显著，烟气中含量较低，二者多固溶于飞灰熔融后的熔渣试样中；Cu 在较低的熔融温度条件下挥发量较少，当熔融温度为 1400℃达到最大值，$1.25ng \cdot mL^{-1}$；经测定后发现烟气中 Co、As、Cd 含量极低，原因是部分固溶于玻璃态熔渣中，另一部分挥发后随烟气中极少量未熔融的飞灰颗粒在烟气管道内壁中发生凝结，附着飞灰颗粒表面；Mn、Pb、Zn 在熔融烟气中的含量呈先减小后增大的趋势，是由于飞灰在较低温度下（1250℃）熔融时碱金属化合物、氯化物及部分重金属氧化物发生分解，当温度升至 1300～1350℃时，由于飞灰中 SiO_2、Al_2O_3含量较高，熔融过程中极易形成硅酸盐、硅铝酸盐类，限制了挥发性物质的释放；继续升温熔融时，试样中多数晶体相发生转变，此时晶体颗粒变小或形成玻璃态无定形物质，试样呈熔流态，流动性增强，挥发性物质析出量就会有显著提高。

图 4-35 给出了熔融温度对飞灰 FA3 熔融过程中重金属挥发行为的影响。对于飞灰 FA3 而言，重金属 Hg、Zn、Pb、Mn 对于熔融温度变化较为敏感。烟气中 Hg 除了在 1300℃处略有下降外，总体上随熔融温度的升高呈上升趋势；Zn、Pb、Mn 随温度变化的趋势与 FA1 相同，但总体上烟气中三者的含量较 FA1 高；烟气中 Ni、Cr 含量较低是由于它们自身的熔点较高，且多固溶于熔渣试样中；熔融温度的变化对 Cu、Co 的固溶率影响较小；As、Cd 的固溶率的测定值均很低，与 FA1 烟气中类似。

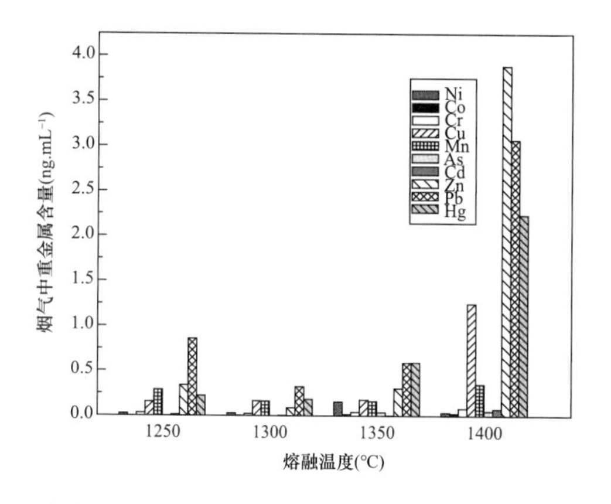

图 4-34　熔融温度对飞灰 FA1 熔融过程中重金属挥发行为的影响

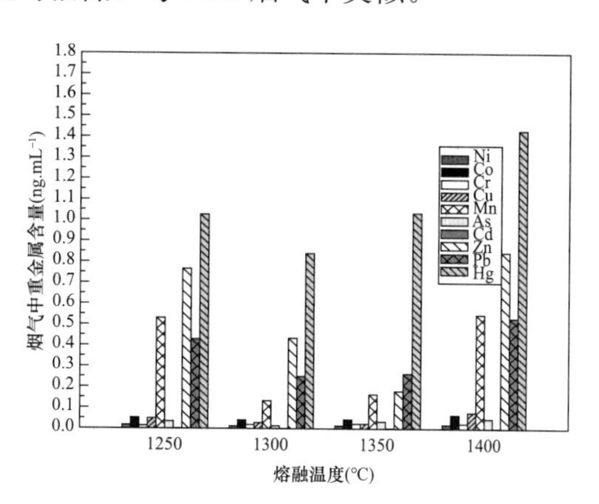

图 4-35　熔融温度对飞灰 FA3 熔融过程中重金属挥发行为的影响

4.3.4.2　固体添加剂对飞灰熔融过程中重金属挥发行为的影响

由图 4-36 可知，当 FA1 中 CaO 添加量为 5％时，烟气中 Pb、Zn、Cu、Hg 的含量相对较高，当 CaO 添加量处于 10％～15％之间时，烟气中的重金属含量总体上均大量降低，继续增加 CaO 时，就会对重金属的挥发有促进作用，致使烟气中含量偏高；Ni、Cr 的含量总是很低，这与它们在熔渣中固溶率偏高有关；除低沸点的 Hg 外对 CaO 的介入无明显规律外，CaO 的添加对易挥发性或难挥发性重金属均有显著影响。

图 4-37 给出了 CaO 对飞灰 FA3 熔融过程中重金属挥发行为的影响。由图可知，当 CaO 添加量处于 5％～20％之间时，烟气中 Ni、Cr、Cu、Co 的含量均很低，且无规律性；烟气中 Hg 的含量均很高，当 CaO 添加量为 20％时达到最大值，说明 Hg 在熔融过程中有大量挥发，CaO 对其抑制作用较差；烟气中 Zn、Pb、Mn 的含量在 CaO 添加量为 15％时最高，在 5％时为最低，As 在 CaO 添加量为 20％时含量最高；说明添加少量 CaO 对飞灰中重金属稳定性的提高有促进作用。

SiO_2对飞灰 FA1 熔融过程中重金属挥发行为的影响见图 4-38。烟气中的 Zn、Pb、Cd、As 随 SiO_2添加量的增加而减少，当 SiO_2添加量为 20％条件下达到最低，是由于 SiO_2的添加使试样中硅酸盐及硅铝酸盐的数量增加，使 Zn、Pb、Cd、As 的固溶率均明显提高，故这些重金属释放在烟气中的份额就相对减少；Cu 虽然也具有与前面几种重金属相同的规律，但其在烟气中的含量要少得多；Hg 的含量与其他添加剂添加时有明显提高，是由于 Hg 易与熔融过程中产生的氯化物或 HCl 反应，使 70％～90％的 Hg

转化为 $HgCl_2$，但如何有效地控制 Hg 的挥发则是今后研究的重点。

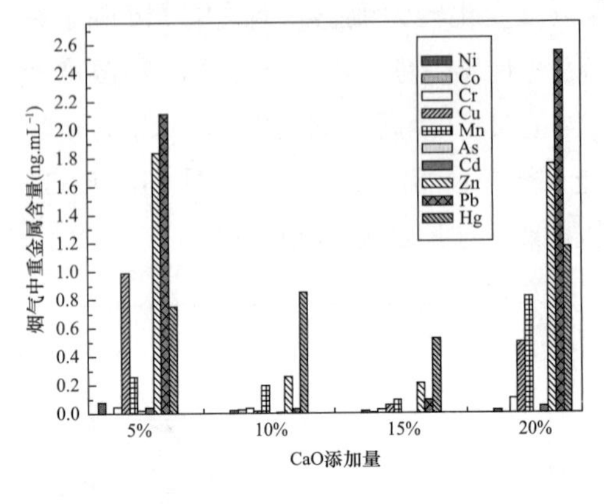

图 4-36　CaO 对飞灰 FA1 熔融过程中重金属挥发行为的影响

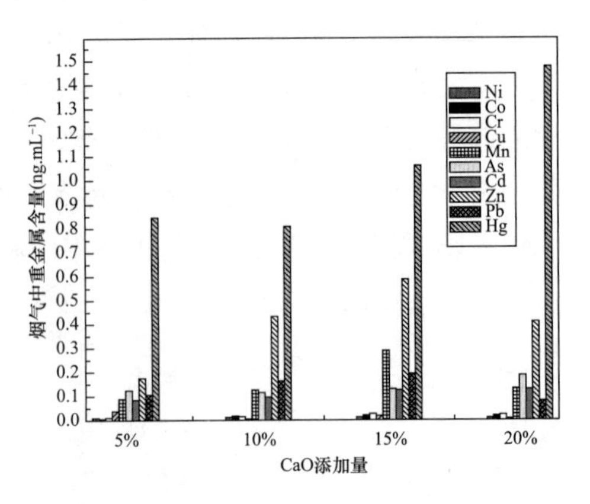

图 4-37　CaO 对飞灰 FA3 熔融过程中重金属挥发行为的影响

FA3 试样中添加 SiO_2 时的试验结果如图 4-39 所示。当添加量为 5%时，烟气中重金属含量仍很高，继续提高 SiO_2 的比例发现，Cu、Zn、Pb、Cd、As 的含量均与 SiO_2 的添加量成反比，Mn 的含量在 15%处有明显回升，然后继续下降；Ni、Cr、Co 的含量较少，却比 FA1 试样中烟气中的含量高。

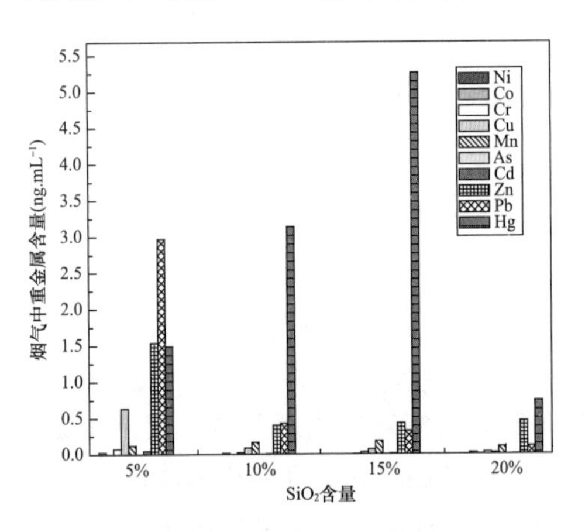

图 4-38　SiO_2 对飞灰 FA1 熔融过程中重金属挥发行为的影响

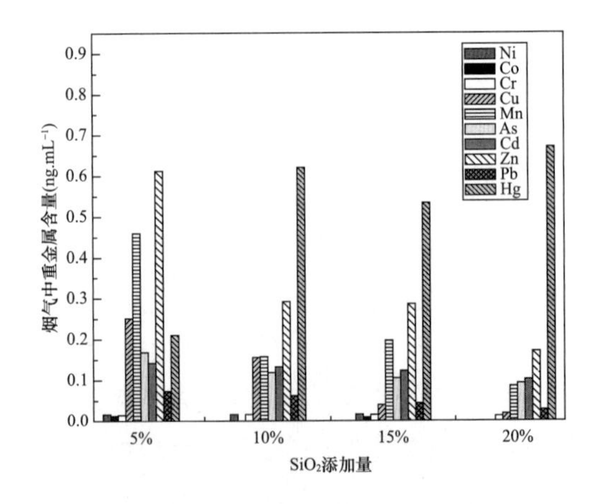

图 4-39　SiO_2 对飞灰 FA3 熔融过程中重金属挥发行为的影响

图 4-40 为 MgO 对飞灰 FA1 熔融过程中重金属挥发行为的影响。由图 4-40 可知，当 MgO 添加比例超过 5%时，除 Mn 在 20%处含量有所增加外，元素 Zn、Pb、Cu、As 的含量急剧减少，且在 15%处达到最小值，然后随 MgO 量的增加而上升。与 FA3 相比，飞灰 FA1 添加 MgO 对于重金属的稳定化处理有较好优势，当 MgO 添加量在 15%时，烟气中 Zn、Pb、Cu、As、Mn 的含量均小于 $0.5ng \cdot mL^{-1}$。

MgO 对飞灰 FA3 熔融过程中重金属挥发行为的影响见图 4-41。由图可知，MgO 的添加比例以 10%为临界点，在该点烟气中除 Hg 外多数重金属含量达到最低，由于飞灰 FA3 本身所含 Zn、Pb 较 FA1 低，所以在烟气中二者的含量低于 FA1 与 Mg 混合反应烟气中的含量。As 的含量却忽高忽低，未呈现明显特征；当 MgO 添加比例大于 10％以后，飞灰 FA3 试样中的碱性稍有提高，同时黏滞性增强，使部分 Cu、Mn、Cd 未来得及固溶于玻璃态熔渣，因而烟气中 Cu、Mn、Cd 的含量增加。

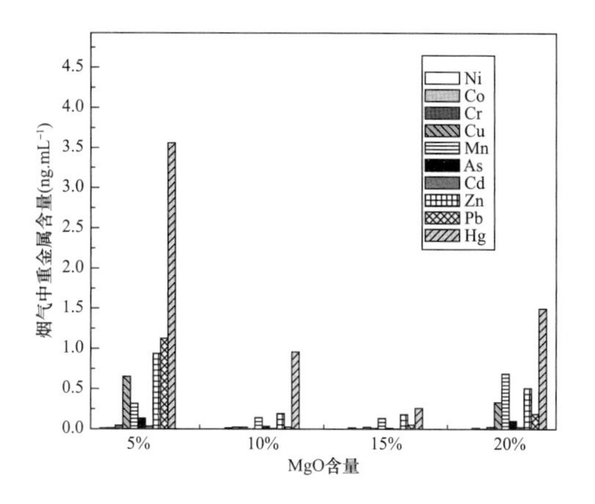

图 4-40　MgO 对飞灰 FA1 熔融过程中重金属挥发行为的影响

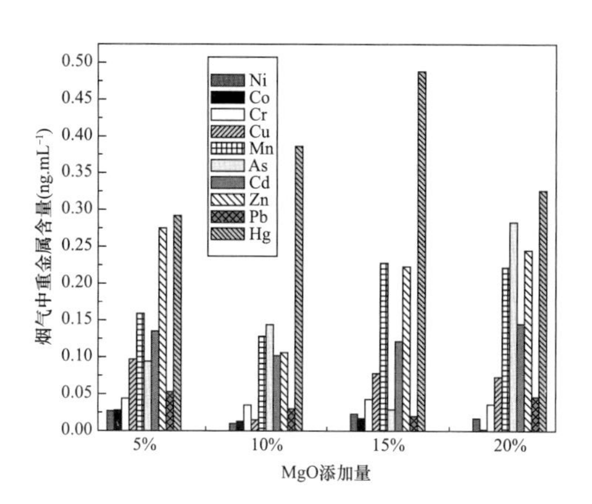

图 4-41　MgO 对飞灰 FA3 熔融过程中重金属挥发行为的影响

4.4　本章小结

本章系统地对两种焚烧飞灰在旋风熔融炉系统上进行了动态熔融试验研究，主要包括熔融温度、CaO、SiO_2、MgO 等固体添加剂对飞灰试样的熔融特性及重金属赋存、迁移规律的影响，同时，对熔融炉烟气中重金属分布特性进行了探讨。

（1）熔融温度是影响焚烧飞灰熔融特性的重要参数，不同熔融温度下焚烧飞灰熔融效果存在较大差异。在较低熔融温度下（1250～1300℃），试样仅发生烧结反应或部分熔融，未能达到熔融状态；较高的熔融温度（1400℃）可使飞灰试样完全转化为玻璃态，对焚烧飞灰熔融有利；由于不同焚烧飞灰熔点的差异，熔融温度应高出飞灰熔流点温度 50～80℃。

（2）CaO 添加剂可有效地控制飞灰熔点，当飞灰中 CaO 添加量＜15％时，可与飞灰中 SiO_2、Al_2O_3等氧化物形成低熔点的共熔体，可促使焚烧飞灰熔融；由于飞灰成分的差异，对于 FA1，CaO 添加量在 5％时为最佳，此时熔渣矿物相中晶体相的比例较少，熔渣的稳定性得到提高；而对于 FA3 而言，从 SEM 分析结果看，CaO 添加量应控制在 10％～15％之间，但 CaO 的添加量对 FA3 试样矿物组成影响并不明显；因此，CaO 添加剂对焚烧飞灰的助熔作用应根据飞灰的成分进行适当的调整。

（3）焚烧飞灰中添加 SiO_2 有利于飞灰提前达到熔融状态，并可降低试样的熔点，提高试样的流动性；随着 SiO_2添加量的增加，熔渣中 $Ca_2Al_2SiO_7$、$CaSiO_3$ 等晶体的种类和份额下降，而玻璃态无定形物质增多；SiO_2 的添加对熔融过程中形成玻璃态熔渣有利，可使重金属转移到玻璃态熔渣的几率大增，SiO_2添加量越高，熔渣稳定性就越好。

(4) MgO对焚烧飞灰中硅酸盐或硅铝酸盐的网状结构有破坏作用，并可降低熔融体黏度，MgO添加量＞5%时，对试样较好的熔融效果具有促进作用。MgO的添加可使熔渣中的玻璃态物质增多，晶体相转变为无定形熔渣，由于无定形熔渣把晶体相给包溶，使晶相间的鉴别的难度增加。

(5) 在1250～1400℃范围内，难挥发性重金属Ni、Cr、Cu、Co、Mn的固溶率随熔融温度的升高而呈缓慢增长趋势，而熔融温度变化对易挥发性重金属As、Pb、Cd、Zn固溶率有显著影响，且差别较大；熔融温度变化对Hg的挥发影响甚微。

(6) CaO的添加对飞灰熔融过程中Cr、Cu、Mn的固溶有抑制作用，挥发性重金属As、Zn、Pb的固溶率亦随CaO添加量的升高而降低。

(7) 焚烧飞灰熔融过程中添加SiO_2对重金属的固溶率有促进作用。随飞灰试样中SiO_2添加量的增长，难挥发性重金属Ni、Cr的固溶率而略有增加，而Cu、Co、Mn的固溶率明显提高；挥发性As、Cd、Zn、Pb的固溶率随SiO_2添加比例的增大亦呈显著上升趋势，Hg的挥发对SiO_2的介入并不敏感。

(8) MgO的添加可提高重金属的固溶率，随着飞灰中MgO添加量的增加，除Hg外，其余重金属的固溶率均有所提高，其中挥发性重金属Zn、As、Cd、Pb的固溶率提高更为显著；对于FA3而言MgO添加量控制在10%左右对重金属的固溶效果最佳。

(9) 在不同熔融温度下，烟气中难挥发性重金属如Ni、Cr含量极低；总体上讲，烟气中挥发性重金属对熔融温度较敏感，随温度变化呈先减后增的趋势。

(10) CaO添加量为5%时可减少熔融过程中易挥发性重金属的排放，继续增加CaO将对飞灰熔融过程中重金属的固溶率产生负面影响；烟气中挥发性重金属含量随SiO_2添加量的增加而减少，但Hg则未呈现出任何规律；MgO的添加对烟气中重金属含量有显著影响。随着飞灰中MgO添加量的增加，烟气中重金属含量与MgO添加量呈现先减少后增加的趋势，对于FA1和FA3，当MgO添加量分别控制在15%和10%左右烟气中重金属含量达到最低。

第5章　流化床煤气化-旋风熔融集成处理焚烧飞灰试验研究

5.1　引言

煤炭是世界上最为丰富的化石燃料资源，约占世界化石燃料储量的70%以上。目前，煤炭约占世界一次能源消费的30%左右，是主要的矿物能源和化工原料，如果开采技术落后，煤炭同时也将是严重点环境污染源。在中国，煤的利用和污染问题尤为突出。因此，如何有效地控制或减轻煤炭利用过程中对环境造成的污染将是我国能源可持续发展的方向，煤的高效、洁净转化是减少环境污染的主要途径。煤气化技术在成本、环保等方面的优势，使其在电力工业、化学生产、燃气工业等领域获得了广泛的应用。鉴于焚烧飞灰旋风熔融时，系统燃油量较多，并考虑到节能、经济等方面的因素，本章设计并构建了流化床煤气化-旋风熔融集成处理系统，并研究了空气-煤质量比（空煤比）、蒸汽-煤质量比（汽煤比）、床层温度及添加剂等因素对该系统处理过程中重金属行为的影响。

5.2　试验

5.2.1　试验装置

流化床煤气化-旋风熔融集成处理焚烧飞灰系统的流程图见图5-1。气化炉本体内径100mm，布风板至炉膛出口有效高度4.4m。水平布风板均匀布置18个风帽，在每个风帽上开有3个直径1mm的小孔。熔融炉本体结构见图5-1。流化床床料采用粒径1mm以下的石英砂，气化用煤由螺旋加料器加入气化炉。来自空气压缩机的空气经过空气加热器预热到410℃后，与从蒸汽过热器过来的260℃水蒸气混合，经过二级加热器加热至700℃，然后经布风板进入炉膛。由蒸汽锅炉出来的0.6MPa饱和水蒸气经减压阀降压后，进入蒸汽过热器进一步升温。蒸汽旁路设计以及蒸汽锅炉和蒸汽过热器加热功率的可调性保证所需的加入蒸汽量。本试验装置最大的特点就是采用本体夹套加热方式，由燃烧室出来的1100℃燃油烟气，在气化炉本体夹套导流板的引流下加热本体，提供床料预热和维持气化过程中散热所需要的热量，从而达到调节床温的目的，同时能够保证在空煤比和汽煤比改变时，床温变化范围不大。本体夹套出来的燃油烟气

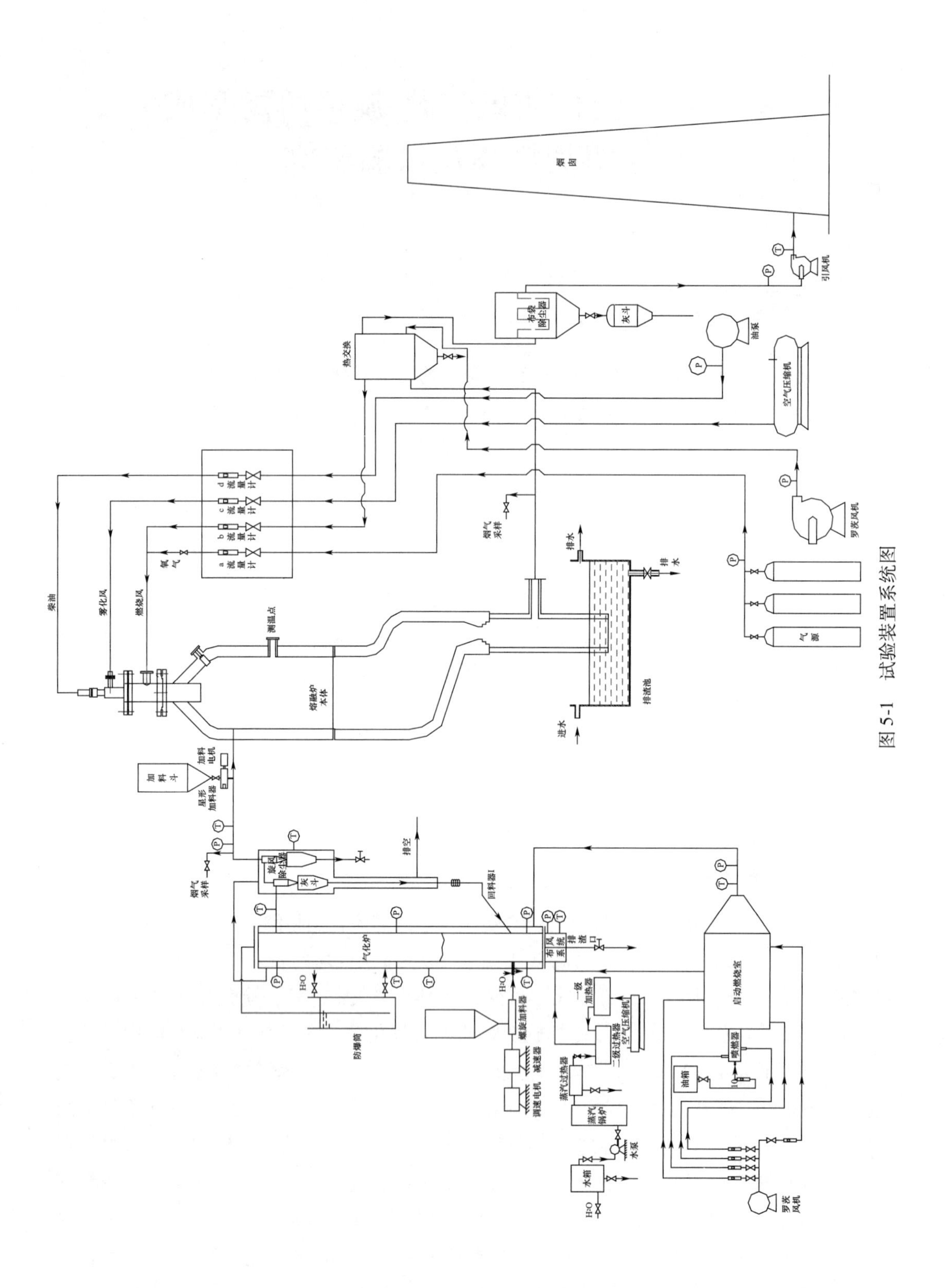

烟囱
引风机
布袋除尘器
灰斗
油泵
空气压缩机
罗茨风机
热交换
流量计
氧气
柴油
雾化风
燃烧风
测温点
熔融炉本体
排渣池
进水
排水
烟气采样
气源
加料斗
加料电机
星形加料器
旋风除尘器
排空
回料器I
气化炉
布风系统
排渣口
防爆筒
螺旋加料器
减速器
调速电机
一级加热器
二级过热器
蒸汽过热器
蒸汽锅炉
水泵
水箱
启动燃烧室
喷燃器
油箱

图 5-1 试验装置系统图

经过旋风夹套和管道加热夹套后排至室外。携带细粉煤焦的煤气离开气化炉顶部出口，进入一级、二级旋风除尘器，然后进入熔融炉燃烧，气化所产生的煤气在富氧状态下燃烧至 1350～1400℃，在该温度下开始往熔融炉内添加焚烧飞灰进行熔融试验，熔融后飞灰试样产生的熔渣由排渣口排至排渣池，飞灰熔融炉产生的烟气经过热交换器、布袋除尘后，由引风机排至室外。

试验主要设备参数见表 5-1。

表 5-1　主要设备参数

设备	主要参数	单位	数值	设备	主要参数	单位	数值
罗茨风机	额定转速	$r \cdot min^{-1}$	1450	蒸汽锅炉	额定蒸发量	$t \cdot h^{-1}$	0.005—0.01
	额定风量	$m^3 \cdot min^{-1}$	1.83		额定蒸汽压力	MPa	1.0
	出口风压	kPa	29.4		额定蒸汽温度	℃	184
	电机功率	kW	2.2		输入功率	kW	4/8
引风机	额定转速	$r \cdot min^{-1}$	2825	蒸汽过热器	额定流量	$kg \cdot h^{-1}$	5—10
	额定风量	$m^3 \cdot min^{-1}$	6.67		工作压力	MPa	≥1.0
	出口风压	kPa	3.92		进口温度	℃	175
	电机功率	kW	1.1		出口温度	℃	≥400
给料电机	电机转速	$r \cdot min^{-1}$	1450		输入功率	kW	4/8
	转速比		29	星形加料器	电机转速	$r \cdot min^{-1}$	1390
	功率	kW	0.55		转速比		25
空气预热器	额定流量	$kg \cdot h^{-1}$	5—10		功率	kW	0.55
	设计压力	MPa	0.66	变频器	设定频率	HZ	0.5—400
	设计温度	℃	426		功率	kW	0.75

5.2.2　试验物料

选用表 5-2 中列出的动力用煤作为流化床煤气化试验物料。所使用的惰性床料是宽筛分的石英砂。床料的选择主要基于保证物料热态气化时和冷态试验时有相近的阿基米德数，即：

$$A_r = \frac{\overline{D}^2 (\rho_s - \rho_g) \rho_g g}{\mu_g^2} \tag{5-1}$$

式中，$\overline{D}$ 为颗粒平均直径；ρ_s、ρ_g 为颗粒、气体密度；μ_g 为气体动力黏度系数。

颗粒平均粒径采用质量平均粒径公式计算，$\overline{D} = \sum_i (X_i / D_i)$，$X_i$ 为在第 i 个间隔内颗粒的质量份额，D_i 为在第 i 个间隔内颗粒的平均粒径。

煤和床料的粒径分布见表 5-2。

焚烧飞灰选用的是 FA1，其粒径分布见第 2 章。

表 5-2　气化用煤和床料的粒径分布

粒径范围（mm）	平均粒径（mm）	煤	石英砂
1～1.43	1.22	0.70	0.00
0.8～1	0.9	23.26	5.20
0.6～0.8	0.7	16.72	38.90
0.4～0.6	0.5	24.27	45.60
0.3～0.4	0.35	22.36	8.60
0.104～0.3	0.202	11.38	0.60
0.074－0.104	0.089	1.21	1.10
<0.074	0.037	0.10	0.00
平均粒径（mm）		0.56	0.58

5.3　冷态试验

在流化床气化工艺中，流化速度是气化炉的一个关键操作参数，选择合理的流化速度是进行气化试验的重要前提工作之一。本节主要对静止床层高度为 100mm、200mm、300mm 和 400mm 时进行冷态流化试验，选择石英砂为床料。

在各静止床层高度下测定物料流化特性的试验方法是：先把流化速度调到足够大，并使床层达到沸腾状态，然后再慢慢降低流速，直至床层处于静止状态。测试时，再把流化风量从最小刻度（$2.4m^3 \cdot h^{-1}$）开始按 $0.8m^3 \cdot h^{-1}$ 的间隔向上调节，直到 $16m^3 \cdot h^{-1}$，然后再依次减少风量直至流化风量最小为止，记录各风量下的床层压降（包括布风板压降）。床层压降减去相应布风板压降，得到各风量下的料层压降。各静止床层高度下物料的流化特性曲线见图 5-2。

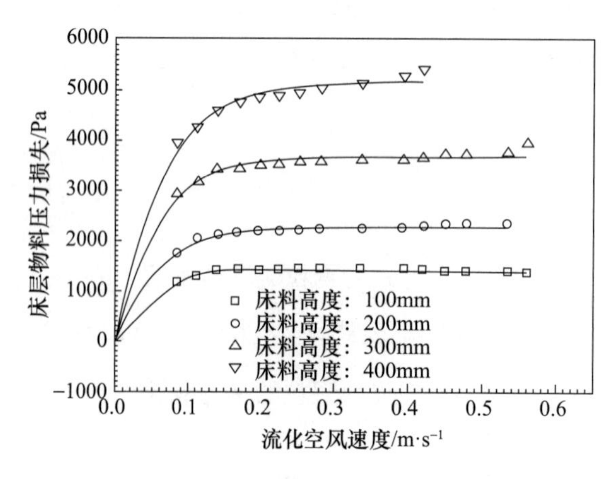

图 5-2　不同静止床高下的冷态物料流化特性

由图 5-2 可知，当床内表观流化风速为 0.142m・s^{-1}（对应风量 4.0m^3・h^{-1}）时，床内物料开始流化。表观流化风速继续增加时，床层压降变化不大。随着静止床层高度的增加，径高比减小，流化床床层压降逐渐增加。但径高比越小，物料在床内越容易发生剧烈的沟流和节涌，造成流化风量较大时床层压降很不稳定，最大稳定表观流化风速也相应减小。

5.4　热态试验

5.4.1　热态启动

试验前检查各阀门启闭情况：关闭过热蒸汽出口截止阀、气化炉本体放渣阀、旋风除尘器和布袋除尘器灰斗闸阀，打开冷却水回路阀、煤气管道和加热燃油烟气管道上的各类阀门、罗茨风机放空阀，确保管路畅通；检查油路是否正常。启动罗茨风机，调节放空阀，使罗茨风机压力不超过 30kPa；调节流化风至设定值；启动引风机。启动螺旋加料器，将称好的床料加入床内；调节启动燃烧室雾化风量和燃油量，控制启动燃烧室温度在 1100℃左右。启动燃烧室出来的烟气通入流化床本体夹套内，在导流板的作用下加热炉膛本体及床料。当床层温度升至约 500℃，开始加入试验用煤。调节给煤量、流化风量、燃油量、启动燃烧室燃烧风量和掺混风量，使床温达到 950℃，稳定燃烧 2h。当气化炉开始产生煤气后，启动焚烧飞灰熔融炉，开始阶段先调节燃油量、燃烧风、雾化风等对熔融炉进行加热，等加热到 1300℃时，适当地调整氧气流量计，调小燃油量，等燃烧稳定后，记录氧气流量，继续加热熔融炉至 1400℃左右时，开始添加焚烧飞灰进行熔融试验。

5.4.2　蒸汽锅炉、过热器的启动与运行

在正式试验前，按照蒸汽锅炉说明书要求，进行煮炉。试验前，将蒸馏水倒入蒸汽锅炉的水箱内，关闭蒸汽出口管。略微打开饱和蒸汽旁路阀，启动蒸汽锅炉，将锅炉进水泵按钮打到自动进水状态，使其自动进水。待进水泵进完水后，先开启低负荷加热按钮约 10min，再切换到高负荷加热状态，密切关注锅炉内的温度和压力变化。当锅炉内压力达到 0.6MPa 时，打开饱和蒸汽出口截止阀，关闭蒸汽旁路阀，调节减压阀，将蒸汽通入过热器内，10min 后，打开过热蒸汽排污阀，将冷凝水放掉，然后启动蒸汽过热器，关闭过热器排污阀，打开过热蒸汽旁路阀，待过热蒸汽温度达到 250℃后，启动空气加热器，来将冷空气经过空气加热器预热到 410℃后，缓慢打开过热蒸汽出口阀门，并调节蒸汽旁路阀，与从蒸汽过热器过来的 260℃水蒸气混合，经过二级加热器加热至 700℃，然后经布风板进入炉膛。使进入炉膛内的蒸汽量很少。

5.4.3　煤气化试验

考虑到由煤燃烧向气化转变时，过剩空气系数在 1 附近时床内温度升高，易发生

结焦。本文控制结焦的手段有：①在煤由燃烧向气化转变前，就通入少许蒸汽；转变时，可逐步加大通入的蒸汽量，保证有足够的蒸汽来降低炉内温度，使床层温度始终低于1000℃；②逐步增加给煤量，减少由燃烧向气化转变所需的时间；③在保证物料流化的同时，减少流化空气量。上述调节手段视具体情况而变。待系统稳定正常后，开始正式气化试验。

5.4.4 焚烧飞灰熔融试验

完成热态启动、蒸汽发生系统启动和煤燃烧向气化转变后，床层温度达到试验所需的温度，炉膛温度基本稳定后，紧接着进行各种工况的热态气化试验，同时启动飞灰熔融系统，待工况稳定后，调整燃油量并通入氧气，使气化后的煤气富氧燃烧。每个工况操作过程如下：①根据试验前标定好的螺旋加料器转速与加料量的关系曲线，调节螺旋加料器，保证试验所需的给煤量；②调节流化风量和过热蒸汽量，对流化风流量计和过热蒸汽流量计进行修正，使流化风量和蒸汽量满足要求；③待气化稳定后熔融温度达到设定温度后，开始启动星形加料器和变频器添加飞灰；记录流化风量、螺旋加料器转速、变频器频率、各测点温度、压力和压差，同时进行熔渣和烟气的采样，采集好的样品按试验工况编号待测。

熔融试验温度仍设定在1400℃，燃烧风为$30m^3 \cdot h^{-1}$，雾化风为$3.0m^3 \cdot h^{-1}$，掺氧量为$0.35m^3 \cdot h^{-1}$，燃油量为$3.0L \cdot h^{-1}$。

5.4.5 停炉

试验结束时，关闭燃油、螺旋加料器、氧气流量、变频器和星形加料器，调节蒸汽量，密切注意床内温度以及飞灰熔融炉内温度。当床内温度降至600℃后，打开蒸汽旁路阀，关闭过热蒸汽出口阀门；打开放渣阀，排出床料；调节流化风量，降低炉膛温度。当启动燃烧室温度降至700℃，加大燃烧风和掺混风风量。待床温和启动燃烧室温度降至250℃后，关闭罗茨风机和引风机。

蒸汽发生系统运行停止步骤为：先切断蒸汽锅炉和蒸汽过热器电源，5min后关上饱和蒸汽进口阀，并打开饱和蒸汽旁路阀。待蒸汽过热器内部压力为大气压时，打开蒸汽过热器排污阀。待蒸汽锅炉内水温下降至70℃后，打开锅炉底部的排污阀，将锅炉内的水全部放空，同时将蒸汽锅炉水箱内的水也放空。最后切断整个试验台总电源。

5.5 试验结果与分析

5.5.1 空煤比对煤气化-旋风熔融过程中重金属行为特性的影响

5.5.1.1 空煤比对煤气成分的影响

煤的气化反应主要包括碳与氧部分燃烧反应（$C+1/2O_2 \Leftrightarrow CO+121kJ/mol$）、碳与水蒸气反应（$C+H_2O \Leftrightarrow CO+H_2-119kJ/mol$）、碳与$CO_2$反应（$C+CO_2 \Leftrightarrow 2CO-162kJ/mol$）、甲烷生成反应（$C+2H_2 \Leftrightarrow CH_4+87kJ/mol$）和均相水煤气反应（$CO+H_2O \Leftrightarrow CO_2+H_2+42kJ/mol$）。其中，前两个反应是煤气化的主要反应。从图5-3可以看出，当空煤比增加时，将导致床层温度下降，煤气中CH_4含量下降，CO和H_2含量略微上升后又下降，总的气化效率略有下降，这与已报道的煤气化结果一致。空煤比对气化过程存在两方面的影响。一方面，随着空煤比的增加，床层温度升高，碳反应速率加快，有利于碳与水蒸气反应、碳与CO_2反应、水蒸气的分解和焦油的二次裂解，提高煤气中CO和H_2的含量以及煤气热值和碳的转化率；另一方面，空煤比越大，参与密相区燃烧的份额越多，煤气中非可燃组分CO_2的含量增加；同时，空煤比增加，气流速度增大，煤粒和气化剂在流化床内的停留时间减少，气化效率和碳转化率会相应降低。在气化炉气化强度一定的情况下，空煤比过低会造成气化深度不够，从而影响碳转化率。所以，为了获得有效的气化效果，必须选择合适的空煤比，来均衡兼顾煤气热值和产气率。在本试验中，煤气中可燃组分含量较低也与采用空气气化时带入的大量惰性组分N_2密切相关。大量的N_2不仅会降低煤气中可燃组分的份额，而且会从流化床内带走大量的显热，导致床层温度不够高，抑制气化反应的进行。另外，在流化床煤气化过程中，CH_4主要来自煤中挥发分的受热裂解。由此可见，试验中较佳的空煤比在$2.85Nm^3 \cdot kg^{-1}$附近。

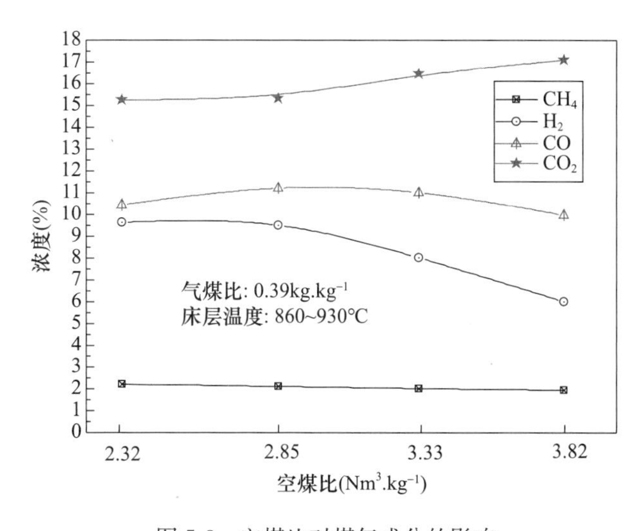

图5-3　空煤比对煤气成分的影响

5.5.1.2　空煤比对煤气化-旋风熔融焚烧飞灰过程中重金属行为特性的影响

空煤比是影响煤气化-旋风熔融处理焚烧飞灰过程中重金属行为特性的重要因素之一。存在于垃圾中的重金属经由气化、氧化、氯化、冷凝、吸附、成核等作用浓缩于灰分颗粒中。根据吸附剂与吸附质分子间作用力的性质可将吸附作用分为物理吸附和化学吸附，在物理吸附中被吸附分子保持其原来的化学本性，而化学吸附则是吸附质与吸附剂形成表面化合物。灰渣中重金属吸附性质为两者皆有。重金属在焚烧过程的排放特性，随重金属种类、物化特性、焚烧方式、反应生成的重金属化合物形态及性质的变化而变化。如表 5-3 所示为空煤比变化时的流化床煤气化的试验参数。

表 5-3　空煤比变化时流化床煤气化试验参数

煤种	空煤比 ($Nm^3 \cdot kg^{-1}$)	汽煤比 ($kg \cdot kg^{-1}$)	床层温度（℃）	床层高度（mm）	一级加热器出口温度（℃）	蒸汽加热器出口温度（℃）	二级加热器出口温度（℃）
优烟煤	2.32	0.38	851—870	300	410.5	271.9	700.9
优烟煤	2.85	0.39	865—881	300	409.6	270.5	700.1
优烟煤	3.33	0.39	910—923	300	409.7	265.3	699.6
优烟煤	3.82	0.39	921—942	300	409.3	264.5	699.7

图 5-4 给出了不同空煤比条件下煤气化-旋风熔融焚烧飞灰熔融过程中难挥发性重金属分布规律。从图 5-4 中可以看出，在不同空煤比条件下，重金属 Ni 和 Cr 的固溶率最高，多数在 90%以上，其中 Ni 的固溶率最高。重金属 Cu、Mn、Co 随空煤比增加变化不很明显，但仍呈缓慢上升的趋势；由于 Mn^{2+} 与 Fe^{3+}、Ca^{2+} 的离子半径十分接近，它们之间常常会发生等价类物质同象取代现象。加上 Mn 的熔沸点很高，属于强烈亲氧元素，受周围气氛影响很小，一般多以氧化物、含氧硅酸盐矿物和 MnC_2 形态存在，故空煤比对 Mn 的固溶几乎没有影响。

不同空煤比对煤气化-旋风熔融处理焚烧飞灰过程中易挥发性重金属分布的影响如图 5-5 所示。当煤种、汽煤比和床层高度一定时，随着空煤比的增加，飞灰熔渣中易挥发性重金属的固溶率基本呈上升趋势，而 Cd 呈先增后减的趋势。对于易挥发性重金属，As 易与飞灰中的黏土矿物和 SiO_2 等结合，以残渣晶格态存在，这种形态的元素较难挥发，也有学者认为 As 对硅酸盐有很强的亲和力。另外还有一种说法认为，As 与矿物质（如钙基物质）发生了化学反应，生成砷酸钙类物质，而这类物质很难挥发。对于 Pb，随空煤比的增加，其在煤气化的低温焦和高温焦中的含量均有所增加，在焚烧飞灰熔融过程中，气态的 Pb 与飞灰试样中的硅酸盐矿物质发生化学反应：

$$PbCl_2 + Al_2O_3 + 2SiO_2 + H_2O \rightarrow PbO \cdot Al_2O_3 \cdot 2SiO_2 + HCl \quad (5\text{-}2)$$

另外，Pb 及其化合物在飞灰熔融过程中易与飞灰试样中的 Al_2O_3、SiO_2、硅铝酸盐等化合物反应形成较稳定的 $Pb_2Al_2O_5$、Pb_2SiO_4 等。因此，在熔渣中 Pb 的固溶率随空煤比的增加而增加。在几种挥发性重金属元素中，Zn 的固溶率最高，在 750℃时，煤气中 Zn 会与飞灰中的 CaS 发生反应生成难挥发 ZnS（沸点 1135℃），当煤气通入熔融炉后 ZnS 分解；熔融试样中易挥发性重金属的固溶率超过 30%的元素主要有 As 和 Zn，相对于煤气中的重金属来说，焚烧飞灰试样中重金属的浓度分布所占的份额明显高于煤气中的份额，尤其是重金属 Pb、Zn 含量的明显增加，使熔渣中的 Pb、Zn 的固溶率有很大幅度的提高，Zn 的固溶率最高达 47.87%；由图 5-5 可看出，Hg 的固溶率随空煤比的变化基本维持不变，大量的 Hg 在熔融过程中挥发，并分布于熔融烟气中。

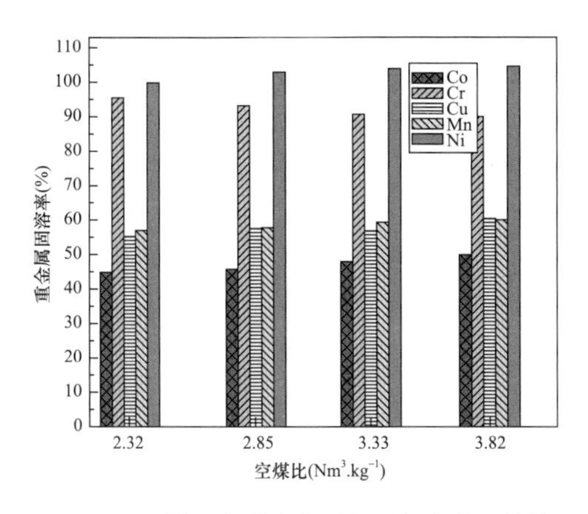

图 5-4　空煤比与煤气化-旋风熔融处理焚烧飞灰过程中难挥发性重金属固溶率的关系

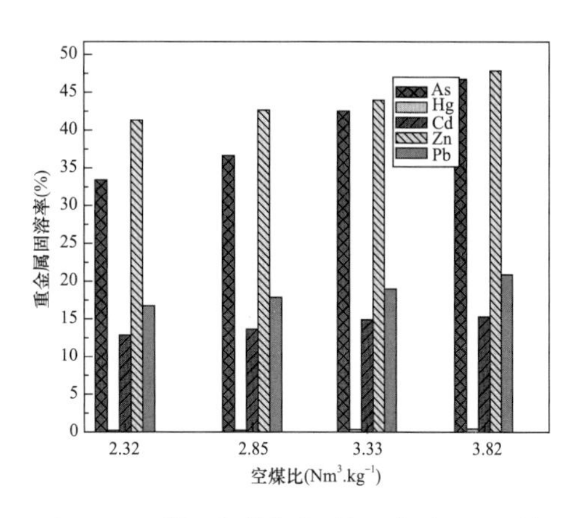

图 5-5　空煤比与煤气化-旋风熔融处理焚烧飞灰过程中挥发性重金属固溶率的关系

5.5.2　汽煤比对煤气化-旋风熔融处理焚烧飞灰过程中重金属行为特性的影响

5.5.2.1　汽煤比对煤气成分的影响

图 5-6 给出了不同的汽煤比对煤气成分的影响。由图 5-6 可知，当汽煤比低于 $0.41kg \cdot kg^{-1}$ 时，煤气中 H_2 和 CO 含量随汽煤比的提高而缓慢增加；若汽煤比大于 $0.41kg \cdot kg^{-1}$ 以后，煤气中 H_2 和 CO 含量开始降低；而煤气中 CO_2 含量随汽煤比的增加而增加，CH_4 含量却随汽煤比的增加稍微有些降低。这一结果与文献报道的结果相近。气化炉中通入蒸汽后，蒸汽和灼热的焦炭发生前述的碳与水蒸气反应，生成 H_2 和 CO，当蒸汽过量时，蒸汽继续与生成的 CO 发生反应生成 CO_2 和 H_2，即均相水煤气反应，从而导致 H_2 和 CO_2 含量的增加以及 CO 含量的先增后降。汽煤比的不断增加，使得参与分解的水蒸气数量增多，水蒸气的分解率下降，未反应的蒸汽带走了大量的热量，床层温度降低，对气化反应速率和平衡常数产生了负面影响，因此，H_2 和 CO 浓度下降，煤气热值也降低。煤气中 CH_4 主要来自挥发分的裂解，随着汽煤比的增加，产气率提高，导致煤气中 CH_4 含量相对有所降低。同空煤比一样，汽煤比也存在一个较佳的区间，在本试验条件下位于 $0.41kg \cdot kg^{-1}$ 附近。

5.5.2.2　汽煤比对煤气化-旋风熔融处理焚烧飞灰过程中重金属行为特性的影响

从前面的试验结果可以看出，汽煤比是影响煤气化的主要参数之一，但它对煤气化-旋风熔融处理系统中焚烧飞灰熔融特性及重金属分布会产生怎样的影响，目前还未见相关的报道。随着汽煤比增加，参与煤气化反应的水蒸气会增多，水蒸气受热分解产生的 OH 和 H 自由基随之增多；重金属元素的挥发特性与其自身的性质有关，沸点低的元素更容易气化挥发，如 Hg、As；沸点高的重金属则难以挥发，如 Ni、Cr 等；

同时，随着汽煤比增加，床温下降，重金属元素挥发量减少，其在高温焦中富集程度减弱。另外，由于蒸汽量的增加，床内表观速度增加，煤气停留时间减少，扬析量增加，煤中未反应炭的比例增加，此时部分挥发性元素与难挥发性元素一样随灰分一起进入旋风高温焦中，造成高温焦中的相对富集系数有所增加。表 5-4 给出了汽煤比变化时流化床煤气化试验参数。

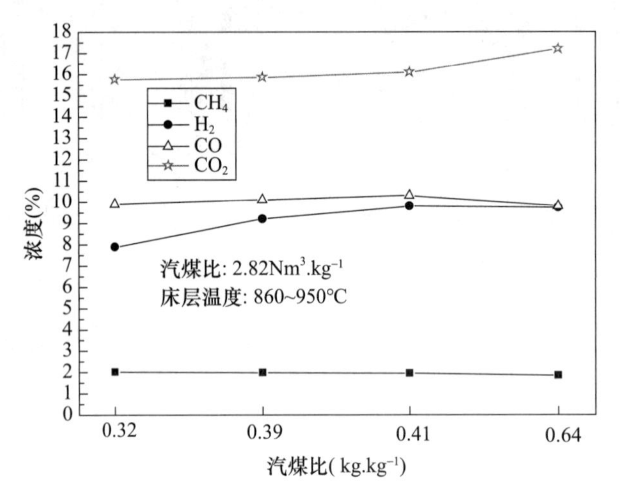

图 5-6　汽煤比对煤气成分的影响

表 5-4　汽煤比变化时流化床煤气化试验参数

煤种	汽煤比（$kg \cdot kg^{-1}$）	空煤比（$Nm^3 \cdot kg^{-1}$）	床层温度（℃）	床层高度（mm）	一级加热器出口温度（℃）	蒸汽加热器出口温度（℃）	二级加热器出口温度（℃）
优烟煤	0.31	2.82	891—917	300	409.7	264.1	700.1
优烟煤	0.37	2.82	875—898	300	410.3	265.5	699.8
优烟煤	0.41	2.82	920—943	300	409.7	265.3	700.8
优烟煤	0.48	2.82	901—922	300	409.8	264.2	700.4

随着汽煤比的增加，更多的元素吸附在低温焦中，当汽煤比很大时，气化炉内气化程度减弱，低温焦中含碳量增加，颗粒温度下降，重金属元素与灰焦中矿物质反应速率减慢，重金属元素与低温焦接触时间缩短，诸多因素引起相对富集系数减少。Rizeq 发现 Se 和 Hg 在 800℃以上几乎完全挥发，Cd、Pb、As 在该温度下部分挥发，而 Ni、Be、Cr 在该温度下基本不会挥发。重金属元素的挥发性与各种元素在飞灰中的存在形态有关，重金属在飞灰中赋存形态可以为单质态、氧化态、硫化物以及溶解状态存在于其他矿物当中，也可以与有机质结合，它们的存在形态对其挥发性有显著影响。图 5-7 给出了汽煤比对煤气化-旋风熔融处理焚烧飞灰过程中难挥发性重金属分布规律的影响。对于不同的汽煤比条件下，Co、Cr、Cu、Mn、Ni 在飞灰熔渣中的固溶率呈先增后减的趋势，尽管试验工况发生了改变，Cr、Ni 的固溶率均大于 90%，说明这些

元素在熔融炉内挥发量很小，另一种原因是煤气化过程中排放的重金属可能又在熔融过程中发生二次反应，固溶在硅酸盐、硅铝酸盐矿物的 Si-O 网状结构中，致使其固溶率较飞灰单独熔融时的高。Mn 的熔沸点较高，在不同汽煤比条件下的变化不很明显，除了在汽煤比为 0.48kg・kg^{-1}时，固溶率略有降低外，其余工况下随汽煤比的增大 Mn 的固溶率呈上升趋势。Co、Cr、Cu、Mn、Ni 的固溶率受汽煤比的影响较小，主要原因为 Co、Ni、Cr 属于亲石元素，具有很强的亲氧性，在熔融过程中一般以硅酸盐或硅铝酸盐形式存在于熔融试样中，沸点较高且不易气化；对于难挥发或半挥发性重金属 Mn、Cu 而言，汽煤比的增加降低了煤气化温度和气化强度，排放于煤气中的重金属含量降低，因而对飞灰熔融时重金属的行为影响较小。

在同一种试验煤种下，空煤比和床层高度不变时，随着汽煤比的增加，焚烧飞灰熔融产物中挥发性重金属的固溶率呈现出先增后减的趋势，且在汽煤比为 0.41kg・kg^{-1}时，固溶率达到最高，见图 5-8。其原因是，汽煤比增加，参与气化反应的水蒸气量增加，气化炉还原性气氛增强，有利于 As、Cd 的挥发，煤气中 As、Cd 含量增加，在其燃烧对焚烧飞灰进行熔融处理时亦会参与熔融反应，加上飞灰本身含有的 As、Cd 及其化合物，使 As 和 Cd 与硅酸盐反应的机会大大增加，故随着汽煤比的增大，As 和 Cd 的固溶率上升，但若汽煤比进一步增大，更多的水蒸气参与分解，需要从周围环境中吸收大量的热量，未分解的水蒸气也会带走部分显热，从而降低床层温度，则使煤气化强度降低，从而引起它们的固溶率降低。由于 Pb、Zn 在还原性气氛下，不利于其从煤中挥发，随着煤气中 H_2 含量的增加，Pb、Zn 形成氯化物的概率更小，原因是活性 Cl 原子与 H 原子反应的活化能远小于 Cl 与 Pb、Zn 反应的活化能，随着汽煤比的增加，还原性气氛逐渐增强，床料温度有所下降，Pb 和 Zn 的挥发率减少；一旦开始熔融反应后，气化产物中 Pb、Zn 与飞灰试样中 Pb、Zn 一起参与熔融反应，飞灰本身含有高浓度的 CaO、SiO_2 等物质，将有助于 Pb、Zn 固溶率的提高。

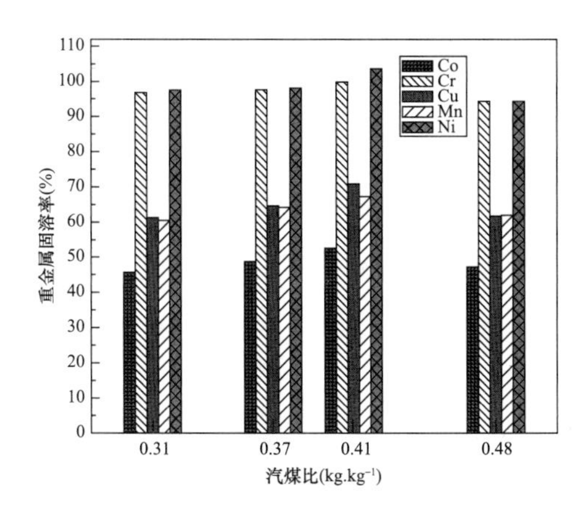

图 5-7　汽煤比与煤气化-旋风熔融处理焚烧飞灰过程中难挥发性重金属固溶率的关系

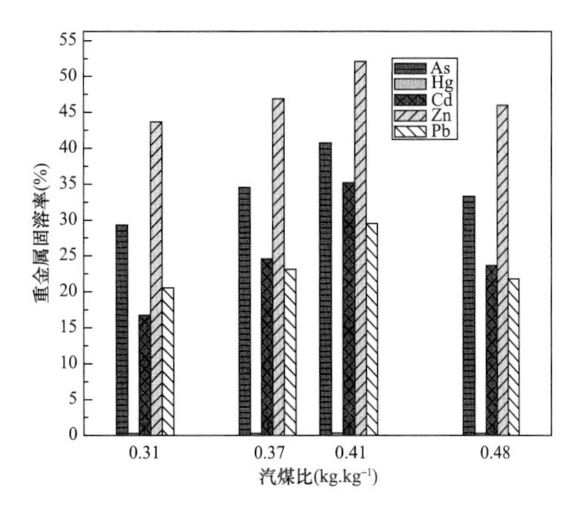

图 5-8　汽煤比与煤气化-旋风熔融处理焚烧飞灰过程中挥发性重金属固溶率的关系

5.5.3 床层温度对煤气化-旋风熔融处理焚烧飞灰过程中重金属行为特性的影响

5.5.3.1 床层温度对煤气成分的影响

床层温度是运行中的控制变量之一。众所周知，循环流化床的运行温度一般在800～1000℃范围内。这样就能在保证很高的气化效率的同时，降低烟气污染物的排放量。在空煤比和汽煤比基本稳定的条件下，改变夹套加热烟气量和烟气温度，得到气化炉床层温度与煤气成分的关系（见图5-9）。随着气化炉运行床温升高，机械不完全燃烧损失在低温段略有减少，但随着负荷的增加，床层温度增加，机械不完全燃烧损失亦有所增加；化学不完全燃烧损失随床温升高而降低，故一氧化碳排放量也降低。图5-9表明，煤气中CO和H_2的含量与床层温度成正比，CO_2含量与床层温度成反比，CH_4含量随床层温度升高略有降低。气化温度是影响煤气成分的主要因素之一，床层温度的提高有利于加快反应速度，改善化学动力学条件，提高气化强度、产气率和碳转化率。由于主要的煤气化反应是吸热反应，反应温度的提高使得反应平衡常数增加，同时化学反应速率也同步提高，这些将有助于碳与水蒸气反应生成CO和H_2、碳与二氧化碳反应生成CO以及水蒸气的分解反应，煤气中CO和H_2的份额提高，CO_2份额将相应有所下降，煤气热值显然能获得相当的提高。值得一提的是，试验过程中提高床层温度是通过改变夹套加热烟气量和烟气温度来实现的，散热损失和气体带出的显热增加，都是靠夹套加热烟气来补偿的，从而不需要增加空气量来提高氧化反应份额，实现床层温度的提高。因此，本试验获得的试验结果与其他文献基本一致。

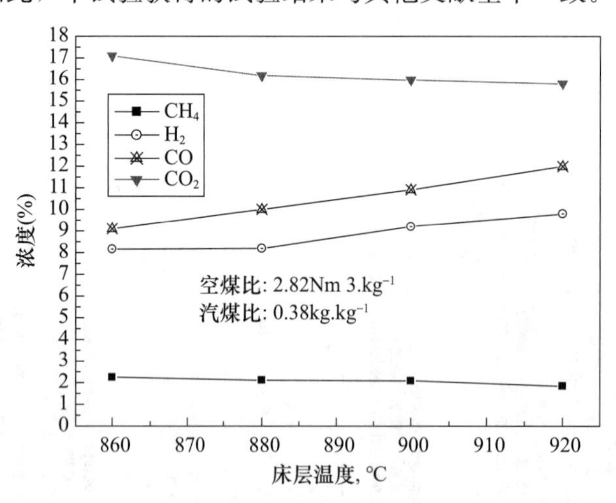

图5-9 床层温度对煤气成分的影响

5.5.3.2 床层温度对煤气化-旋风熔融处理焚烧飞灰过程中重金属分布特性的影响

表5-5为床层温度变化时流化床煤气化试验参数。床层温度被认为是影响煤气化产物中重金属生成与分布的另一个重要因素。由于煤气化-旋风熔融处理系统中飞灰熔融

热量来源主要是煤气化产生的煤气燃烧热，因此，在煤气化效果的优劣对焚烧飞灰熔融有直接的影响，目前，有关床层温度对焚烧飞灰熔融过程中重金属分布特性的研究鲜有报道。对于煤气化的重金属元素和矿物组分方面的研究表明，当床层温度降低时，一部分难熔的重金属氧化物及其化合物的矿物组分与部分低挥发性重金属会首先成核，并形成微小的气溶胶基核。而大多数挥发性重金属元素（如 As，Hg，Se，Cd，Pb）仍保持为气相，温度继续降低这些元素也会成核，或凝结在周围已存在的颗粒表面。这些重金属元素随煤气和焚烧飞灰一并吹入熔融炉内，一部分重金属元素吸附于飞灰颗粒表面，另一部分重金属元素在飞灰颗粒升温熔融过程中与试样中的硅酸盐类矿物发生反应，从重金属稳定化处理方面考虑，飞灰的介入对煤气化产生的重金属及焚烧飞灰自身的重金属的固溶均有促进作用。

表 5-5　床层温度变化时流化床煤气化试验参数

煤种	床层温度（℃）	汽煤比（$kg \cdot kg^{-1}$）	空煤比（$Nm^3 \cdot kg^{-1}$）	床层高度（mm）	一级加热器出口温度（℃）	蒸汽加热器出口温度（℃）	二级加热器出口温度（℃）
优烟煤	860	0.38	2.82	300	407.9	268.1	700.1
优烟煤	880	0.38	2.82	300	410.3	267.9	699.3
优烟煤	900	0.38	2.82	300	410.2	268.7	700.5
优烟煤	920	0.38	2.83	300	409.9	266.9	699.9

Co、Cr、Cu、Ni 在高温焦中含量随床层温度的升高而增加，由于各种重金属元素挥发和冷凝时动力学参数不同，随温度变化趋势亦有所不同。伴随着煤气化程度的加深，气化炉内部产生更多微小的煤颗粒，重金属元素从煤中扩散的距离缩短，挥发过程相应变短，吸附在高温焦中的含量均有所上升。但是当煤气化的煤气与高温焦一并通入熔融炉熔融燃烧时，这些重金属元素就会不同程度地释放出来，焚烧飞灰刚进入熔融炉时，部分试样会受炉内环境的影响，使重金属元素与熔流态的试样反应，促使部分重金属固溶于飞灰熔渣试样当中，最终使重金属的固溶率提高。由图 5-10 可以看出，当床层温度介于 860～920℃之间时，重金属 Mn 的固溶率随床温的升高略有降低，而其他重金属 Co、Cr、Cu、Ni 的固溶率与床层温度呈正相关。固溶率由高到低的顺序依次为：Ni＞Cr＞Cu＞Mn＞Co。

图 5-11 给出了易挥发性重金属在不同床层温度下固溶率的变化关系。Zn 随着床层温度的增长，在高温焦中的含量相对降低，虽然床层温度上升可加快 Zn 元素及其化合物的挥发，但还原性气氛的增强将抑制 Zn 的挥发，而后者的影响力远远大于前者，故 Zn 在高温焦中的含量随床层温度的增加而减少，致使焚烧飞灰熔渣试样中 Zn 的固溶率亦与床层温度呈反比。而 Pb 在高温焦中的含量对温度的影响比周围气氛的影响更为敏感，Pb 在煤气化高温焦中的含量随床层温度的上升而增加，所以当其他操作条件不变时，焚烧飞灰熔渣中 Pb 的固溶率随床层温度的升高而升高。Cd 在 1000℃时会有大量挥发现象，少部分则存在于晶格中被玻璃化熔渣所固定，因而通入熔融炉与飞灰

熔融后，其固溶率随床温的升高略有增加。对于易挥发性元素 Hg，受床温影响较小，由于 Hg 及其化合物自身挥发速率较大，故其固溶率随床温变化很不明显，无论是煤气化产生的 Hg，还是焚烧飞灰熔融时挥发的 Hg 均挥发分布于熔融炉热烟气废气中。

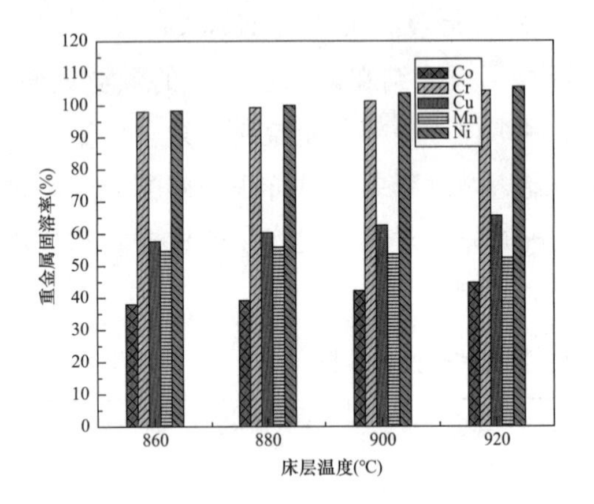

图 5-10　床层温度与煤气化-旋风熔融处理焚烧飞灰过程中难挥发性重金属固溶率的关系

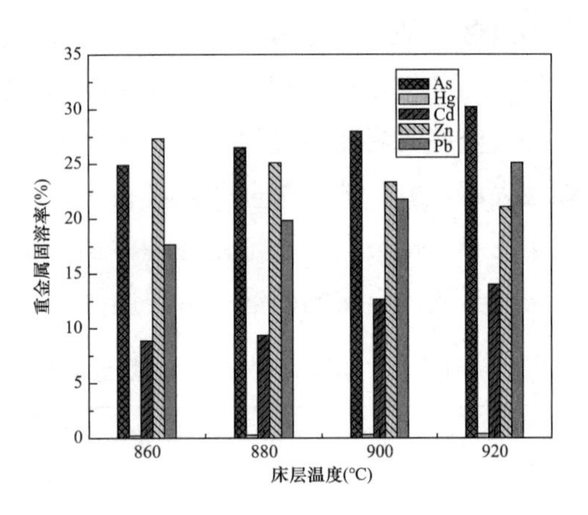

图 5-11　床层温度与煤气化-旋风熔融处理焚烧飞灰过程中挥发性重金属固溶率的关系

5.5.4　添加剂对煤气化-旋风熔融处理焚烧飞灰过程中重金属行为特性的影响

在气化和熔融过程中添加一定比例的添加剂来捕集、固溶重金属元素近来被认为是一种有广阔前景的技术。该方法主要是利用添加剂本身的物化参数及基本特性，通过物理吸附或化学反应促使重金属元素得到稳定化、无害化处理的形式。相对于煤气化-旋风熔融处理焚烧飞灰技术而言，可利用焚烧飞灰本身颗粒粒径较小且含有多种复杂的矿物组分，以及添加剂的物化特性，在设定熔融温度条件下熔融处理过程中，熔融试样基体可为重金属元素提供足够的比表面积来促使其赋存和固溶，同时飞灰和添加剂亦可抑制亚微米颗粒的生成，抑制某些重金属元素的挥发，提高重金属的固溶率。

表 5-6 给出了焚烧飞灰中添加剂变化时流化床煤气化的试验参数。图 5-12 为固体添加剂对煤气化-旋风熔融处理焚烧飞灰过程中难挥发性重金属的固溶率的关系。比较 3 种添加剂对重金属的固溶效果可以发现，对于难挥发性重金属 Ni、Cr、Mn 而言，添加 MgO 对 Ni、Cr 固溶较为有利，无论是 CaO、SiO_2，还是 MgO 的添加对于 Mn 的固溶率均无明显提高，甚至有抑制作用。对于 Cu，SiO_2 的固溶效果最好，MgO 次之，CaO 稍差；而对于 Co 而言，添加 MgO 时 Co 的固溶率最高，SiO_2 次之，CaO 最差；这是由于添加剂本身的物性参数和特性不同而引起的，总体而言，MgO、SiO_2 的添加相对无添加剂时焚烧飞灰固溶率提高较为明显。

表5-6　焚烧飞灰中添加剂变化时流化床煤气化试验参数

煤种	汽煤比 ($kg \cdot kg^{-1}$)	空煤比 ($Nm^3 \cdot kg^{-1}$)	床层温度 (℃)	床层高度 (mm)	一级加热器出口温度（℃）	蒸汽加热器出口温度（℃）	二级加热器出口温度（℃）	添加剂 (%)
优烟煤	0.38	2.82	866～887	300	407.9	268.1	700.1	0
优烟煤	0.38	2.82	892～913	300	410.3	267.9	699.3	10%CaO
优烟煤	0.38	2.82	876～895	300	410.2	268.7	700.5	10%SiO_2
优烟煤	0.38	2.83	904～927	300	409.9	266.9	699.9	10%MgO

图5-13显示了不同添加剂与煤气化-旋风熔融处理飞灰试样中易挥发性重金属固溶率变化情况。由于飞灰颗粒本身含有较多的CaO、SiO_2、Al_2O_3、MgO，提供了可能的化学吸附位，在重金属元素从飞灰颗粒内部扩散的过程中可能与它们发生化学反应，尤其当飞灰中CaO、Fe_2O_3含量都很高时，很容易与As反应生成砷酸钙，所以在飞灰熔渣试样中As的固溶率较高。至于Pb和Cd，也可能发生下列一些反应：

$$2PbO + SiO_2 \rightarrow Pb_2SiO_4\ (s) \tag{5-3}$$

$$CdO + SiO_2 \rightarrow CdSiO_3\ (s) \tag{5-4}$$

$$CdO + Al_2O_3 \rightarrow CdAl_2O_4\ (s) \tag{5-5}$$

$$PbCl_2 + Al_2O_3 \cdot 2SiO_2 + H_2O \rightarrow PbO \cdot Al_2O_3 \cdot 2SiO_2\ (s) + 2HCl\ (g) \tag{5-6}$$

$$CdCl_2 + Al_2O_3 + H_2O \rightarrow CdAl_2O_4\ (s) + 2HCl\ (g) \tag{5-7}$$

当焚烧飞灰中添加10%的CaO时，重金属As、Hg、Zn、Pb的固溶率均明显降低，相反Cd的固溶率则明显升高；若焚烧飞灰中添加10%的SiO_2时，As、Zn、Cd、Pb的固溶率显著增加；而焚烧飞灰中添加10%的MgO时，对于As、Zn、Cd、Pb的固溶效果更佳，As、Zn、Cd的固溶率增加量均在10%以上，说明MgO对于挥发性重金属的固溶率提高有很好的效果。由图5-13可知，无论添加以上3种添加剂的任何一种对重金属Hg的固溶都难以达到令人满意的效果。3种添加剂对煤气化-旋风熔融处理焚烧飞灰过程中挥发性重金属的固溶率提高顺序依次为：MgO>SiO_2>CaO。

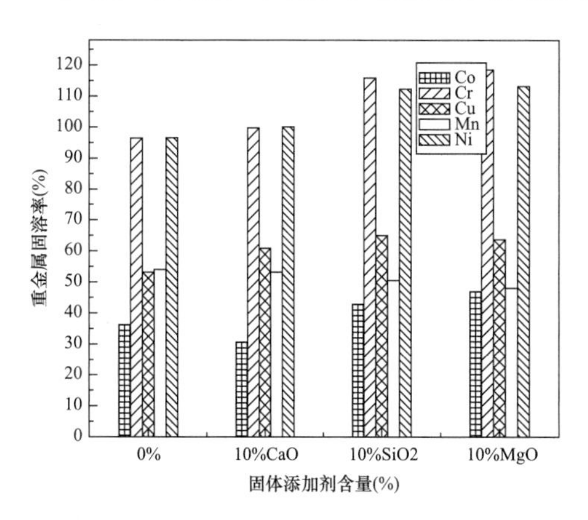

图5-12　固体添加剂与焚烧飞灰熔融过程中难挥发性重金属固溶率的关系

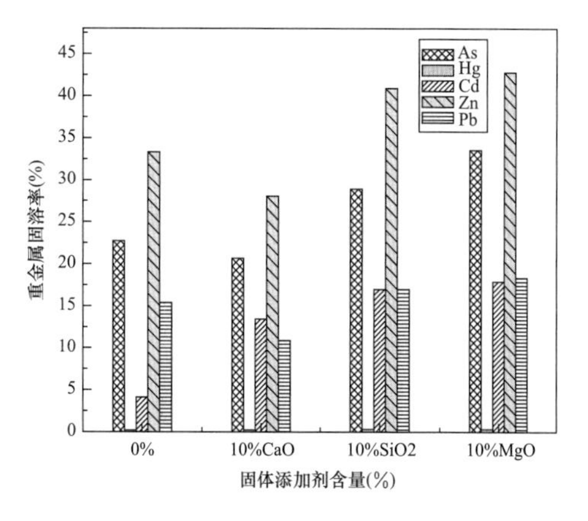

图5-13　固体添加剂与焚烧飞灰熔融过程中挥发性重金属固溶率的关系

5.6 本章小结

本章构建了垃圾焚烧飞灰的流化床煤气化-旋风熔融集成处理系统，对该系统的试验研究表明，流化床煤气化-旋风熔融集成处理系统的设计基本合理，整个系统能够协调稳定运行。同时，研究了空气-煤质量比（空煤比）、蒸汽-煤质量比（汽煤比）、床层温度、添加剂种类等因素对焚烧飞灰熔融过程中重金属元素赋存迁移规律的影响。

（1）在不同空煤比条件下，重金属 Ni 和 Cr 的固溶率均在 90％以上，其中 Ni 的固溶率最高。重金属 Cu、Mn、Co 随空煤比增加变化不很明显，但仍呈缓慢上升的趋势；随着空煤比的增加，焚烧飞灰熔渣中易挥发性重金属的固溶率基本呈上升趋势，而 Cd 呈先增后减的趋势。熔融试样中易挥发性重金属的固溶率超过 30％的元素主要有 As 和 Zn；Hg 的固溶率随空煤比的变化基本维持不变，大量的 Hg 在熔融过程中挥发，并分布于熔融烟气中。

（2）对于不同的汽煤比条件下，飞灰熔渣中 Co、Cr、Cu、Mn、Ni 的固溶率呈先增后减的趋势，Cr、Ni 在熔融炉内挥发量很小，Cr、Ni 的固溶率在不同工况下均大于 90％；随着汽煤比的增加，焚烧飞灰熔渣中易挥发性重金属的固溶率亦呈现出先增后减的趋势，且在汽煤比为 $0.41kg \cdot kg^{-1}$ 时，固溶率达到最高。

（3）当床层温度在 860～920℃之间时，Mn 的固溶率随床温的升高略有降低，而其他重金属 Co、Cr、Cu、Ni 的固溶率与床层温度呈正相关。固溶率大小依次为：Ni＞Cr＞Cu＞Mn＞Co。焚烧飞灰熔渣试样中 Zn 的固溶率与床层温度呈反比，而 Pb 的固溶率随床层温度的升高而升高；Cd 随床温的升高固溶率略有提高；Hg 及其化合物自身挥发速率较大，其固溶率随床温变化很不明显。

对于难挥发性重金属 Ni、Cr、Mn，添加 MgO 对 Ni、Cr 固溶较为有利；CaO、SiO_2、MgO 的添加对于 Mn 的固溶率均无明显提高，甚至有抑制作用；对于 Cu，SiO_2 的固溶效果最好，MgO 次之，CaO 稍差；而对于 Co 而言，添加 MgO 时 Co 的固溶率最高，SiO_2次之，CaO 最差；MgO、SiO_2的添加相对无添加剂时焚烧飞灰固溶率提高较为明显。对于挥发性重金属 As、Zn、Cd、Pb，MgO 的添加效果优于 SiO_2、CaO；说明 MgO 对于挥发性重金属的固溶率提高有很好的效果；3 种添加剂对煤气化-旋风熔融处理焚烧飞灰过程中重金属的固溶率提高顺序依次为：MgO＞SiO_2＞CaO。

第6章　焚烧飞灰熔融过程中重金属元素析出模型

6.1　引言

在焚烧飞灰熔融过程中，飞灰试样中重金属元素及其化合物的赋存、释放、迁移行为的基本物理化学过程是极端复杂的，并且由于焚烧飞灰的非均相性和不同焚烧飞灰中痕量元素浓度显著的变化性而使问题更加复杂，研究焚烧飞灰熔融过程中和熔融过程后控制重金属元素的迁移、转化和富集行为的物理化学机理是非常重要的。

焚烧飞灰熔融包含焚烧飞灰吸热、挥发性物质挥发、试样烧结、固态向液态转变、新的熔融产物形成等十分复杂的过程，在该过程中进行了许多均相、多相化学反应。在飞灰熔融过程中进行的许多反应被认为是动力学所控制的。

本章主要研究焚烧飞灰熔融反应模型、重金属挥发扩散模型及重金属元素释放模型。重金属在飞灰颗粒内释放过程，主要包括重金属元素在熔融矿物组分内的扩散迁移，以及气化和飞灰颗粒内的扩散过程，通过相关理论建立模型进行计算，并将模拟结果与试验结果进行对比。

6.2　焚烧飞灰熔融反应模型

6.2.1　单颗粒和运动气流间的传质

首先研究单颗粒与运动气流之间的相互作用。假定反应方程式为：

$$A\ (g) + bB\ (s) = cC\ (g) + dD\ (s) \tag{6-1}$$

总的反应过程包括：反应-扩散、传热、结构改变等几个阶段。而反应-扩散由以下几个部分组成：①气态反应物从主气流向固体颗粒外表面转移的气相传质；②气态反应物通过固体块孔隙的扩散；气态反应物在固体表面的吸附；固体块表面的化学反应；气态产物从固体块表面解吸；气态反应产物通过固体块孔隙的扩散；③气体产物由固体外表面向气流空间的气相传质。对于熔融反应，传热多为吸热反应，在扩散与反应过程中还伴随有：①气流与飞灰颗粒表面之间的对流（也可能有辐射）传热；②在飞灰颗粒反应物-产物基体内的热传导。反应和传热过程将引起试样结构的发生变化，如熔融时孔隙结构的变化，这将对总的反应速率产生明显的影响。

由固体向气流中传递的速率为：$N_A = h_D\ (C_{AS} - C_{A0})$ (6-2)

式中，A 为气相传递的物质，分别用 C_{AS} 和 C_{A0} 表示固体表面和主气流中 A 的浓度；h_D 为传质系数；N_A 为传递量，$kg \cdot m^{-2} \cdot s^{-1}$。

由于熔融系统为同时有强制对流和自然对流的系统，则：

$$Sh = f\ (Gr,\ Re,\ Sc) \tag{6-3}$$

式中，$Sh = \frac{h_D L}{D_t}$，表示 Sherwood 数；$Re = \frac{UL}{\gamma}$，表示 Reynold 数；$Sc = \frac{\gamma}{D_t}$，表示 Schmidt 数。$Gr = gL^3 \beta D \Delta X_A / \gamma^2$，表示 Grashof 数。$L$ 是定性尺寸，即球形颗粒的直径，或非球形颗粒的当量直径；γ 是动力黏度；D_t 是二元扩散系数；U 是流过颗粒的气流线速度；g 是重力加速度；ΔX_A 是浓度差；$\beta_D = \left| \frac{1}{\rho} \left(\frac{\partial P}{\partial x_A} \right)_T \right|$；$\rho$ 是密度；T 为温度。

通常情况下求扩散系数 D_{AB} 应优先选用 Chapman-Enshog 动力学理论基础上的算式：

$$D_{AB} = 1.8563 \times 10^{-3} \frac{\sqrt{T^3 \left(\frac{1}{M_A} + \frac{1}{M_B} \right)}}{P \sigma_{AB}^2 \Omega_{AB}} \tag{6-4}$$

式中，D_{AB} 是扩散系数，$cm^2 \cdot s^{-1}$；T 是温度，K；M_A、M_B 分别为 A、B 的分子量；σ_{AB} 是 Lennard-Jones 提出的势函数；Ω_{AB} 为碰撞积分，为 $KT \cdot \varepsilon_{AB}^{-1}$ 的函数。

6.2.2 焚烧飞灰多颗粒系统的气固反应

6.2.2.1 表现出有收缩的未反应核系统

$$A\ (g) + B\ (s) \rightarrow C\ (g) + D\ (s) \tag{6-5}$$

如图 6-1 中所示，总的过程包括：交界面上的化学反应、气态反应物和产物通过固体产物层，以及通过固体外表面处的边界层扩散。总速率将受化学反应速率或者传质速率所控制。

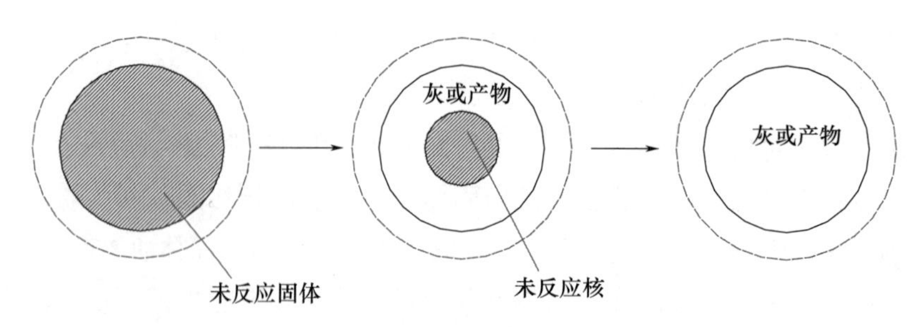

图 6-1 反应形成收缩的未反应核的过程

6.2.2.1.1 化学反应控制

当反应过程的主要阻力是化学反应时，总速率由在界面上化学反应速率控制。其

解变为与化学反应控制条件下颗粒收缩的解一样，则：

$$t^{*}=t/t_{X=1}=g_{F_p}(X) \tag{6-6}$$

式中，t^{*} 为无因次时间；$g_{Fp}(X)$ 为转化率函数，$g_{F_p}(X)=1-(1-X)^{1/Fp}$；$F_p$为形状因子。

6.2.2.1.2　通过产物层扩散控制

对球形颗粒求解，通过球粒产物层的扩散速率为：

$$-4\pi r^2 D_e dc_A/dr=常数=4\pi r^2 D_e dc_c/dr \tag{6-7}$$

在上面方程式中，假设在灰层中的扩散是等摩尔的逆向扩散。若气态反应物 A 是作为在第三个惰性气体中的稀薄组分时，式（6-7）也可用于非等摩尔扩散。其边界条件为：

当 $r=r_0$ 时，$C_A=C_{A0}$ 及 $C_C=C_{C0}$　(6-8)

而且 当 $r=r_c$ 时，$C_A=C_C/K_e$　(6-9)

式中，r_0与 r_c分别表示在任何时刻球的半径和反应界面处的半径。

对于 A 与 C 的浓度分布，给出了明确的公式。颗粒的反应速率可由式（6-10）得到：

$$4\pi r^2 bD_e\frac{dC_A}{dr}=\frac{4\pi bD_e}{\frac{1}{r_c}-\frac{1}{r_0}}\left(C_{A0}-\frac{C_{C0}}{K_e}\right)\frac{K_e}{1+K_e} \tag{6-10}$$

首先，先考虑颗粒总尺寸不随反应进行而改变的情况，r_0为常数并等于 $F_P V_P/A_P$。值得注意的是 r_c在固体反应过程中随时间而改变，颗粒的反应速率也可表示为：

$$颗粒的反应速率=-4\pi r_c^2(\rho_s)\,dr_c/dt \tag{6-11}$$

使式（6-10）与式（6-11）相等并在初始条件下进行积分：

当 $t=0$ 时，$r_0=F_P V_P/A_P$　(6-12)

$$\left(\frac{K_e}{1+K_e}\right)\left(C_{A0}-\frac{C_{C0}}{K_e}\right)\frac{6bD_e}{\rho_s}\left(\frac{A_P}{F_P V_P}\right)^2 t=1-3\eta_c^2+2\eta_c^3 \tag{6-13}$$

$$\eta_c=(A_P/F_P V_P)\,r_c \tag{6-14}$$

因而，η_c 为反应前沿的无因次位置，用转化率 X 来表示，式（6-13）能写出：

$$\left(\frac{K_e}{1+K_e}\right)\left(C_{A0}-\frac{C_{C0}}{K_e}\right)\frac{6bD_e}{\rho_s}\left(\frac{A_P}{F_P V_P}\right)^2 t=1-3(1-X)^{2/3}+2(1-X)$$

$$X=1-\eta_c^{F_P} \tag{6-15}$$

$$t^{+}=t^{*}/\sigma_s^2=P_{F_p}(X) \tag{6-16}$$

$P_{F_p}(X)$ 表示转化函数。

$$\sigma_s^2=(k/2D_e)(V_P/A_P)\left(1+\frac{1}{K_e}\right) \tag{6-17}$$

σ_S^2 表示收缩的未反应系统化学反应和扩散时的数量比。

若固体颗粒外部尺寸在熔融反应时变化，总尺寸［如式（6-10）中对球体即为 r_0］

就不再恒定，并可推得：

$$(F_P V_P/A_P)_{T_i}^{F_P}=Z\ (F_P V_P/A_P)_{T_0}^{F_P}+(1+Z)\ r_{r_c}^{F_P} \tag{6-18}$$

式中，Z 是单位容积反应物所形成产物的容积。

用这个关系式代替一恒定的总尺寸，得出下列与式（6-16）相对应的关系：对于球体 $F_P=3$，

$$t^+=3\left\{\frac{Z-[Z+(1-Z)\ (1-X)]^{2/3}}{Z-1}-(1-X)^{2/3}\right\} \tag{6-19}$$

球形颗粒完全转化所需的时间为：

$$t_{X=1}^+=3\ (Z-Z^{2/3})/(Z-1) \tag{6-20}$$

在大多数情况下，试验数据的精度通常表现不出这种差异。因此，所有的实际情况下，$Z=1$ 的曲线能被用于尺寸变化在 $0.5\leqslant Z\leqslant 2$ 范围系统，所得近似的方程如下：

$$t^+/t_{X=1}^+=P_{F_P}\ (X) \tag{6-21}$$

式（6-21）可用于在已知 D_e 和 Z 时求预示转化率。

6.2.2.1.3 总速率由化学反应与扩散两者所确定

若总过程既不是完全由化学反应也不完全由扩散所控制，要得到总速率的表达式必须将两个步骤同时考虑进去。为了使分析全面，还要考虑外部传质的影响。要得到速率表达通式，首先研究通过产物层扩散的微分方程，以边界化学反应以及外部传质作为边界条件。因为每一步是按顺序进行而且彼此无关。首先考虑外部传质很快的情况。反应的总速率可用化学反应速率或者通过产物层的扩散速率来表达。

根据式（6-6）用 C_{AC}，即反应界面上 A 的浓度代替 C_{A0}，同时，在定义 t^* 时，亦用 C_{CC} 代替 C_{C0} 可得下式：

$$\frac{dX}{dt}=\frac{bk\ (C_{AC}^*-C_{CC}^m/K_e)}{\rho_s g'_{F_P}\ (X)}\left(\frac{A_P}{F_P V_P}\right) \tag{6-22}$$

用式（6-16）对（$C_{A0}-C_{C0}/K_e$）微分，在 σ_s 定义式中用新的推动力 [($C_{A0}-C_{C0}/K_e$)－($C_{AC}-C_{CC}/K_e$)] 置换可得：

$$\frac{dX}{dt}=\frac{2bD_e\ [K_e/(1+K_e)]}{F_P\rho_s P'_{F_P}\ (X)}\times\frac{[(C_{A0}-C_{C0}/K_e)-(C_{AC}-C_{CC}/K_e)]}{F_P\rho_s P_{F_P}\ (X)}\times\left(\frac{A_P}{V_P}\right)^2 \tag{6-23}$$

式中，$g'_{F_P}\ (X)$ 和 $P'_{F_P}\ (X)$ 系 $g_{F_P}\ (X)$ 和 $P_{F_P}\ (X)$ 分别对 X 的一阶导数。

假设在介稳状态条件下，上述两式相等，求解（$C_{AC}-C_{CC}/K_e$），则总的速率表达式可以得出。我们将考虑一级界面反应的简单情况，当（$C_{AC}-C_{CC}/K_e$）已知，则

$$\frac{(C_{AC}-C_{CC}/K_e)}{(C_{A0}-C_{C0}/K_e)}=\frac{g'_{F_P}\ (X)}{(K/2D_e)\ (1+1/K_e)\ (V_P/A_P)\ P'_{F_P}\ (X)+g'_{F_P}\ (X)} \tag{6-24}$$

将（$C_{AC}-C_{CC}/K_e$）代入到式（6-22）中并积分，得：

$$t^*=g_{F_P}\ (X)+\sigma_e^2 P_{F_P}\ (X) \tag{6-25}$$

总速率可以用在颗粒中的转化率或外部传质速率来表达：

颗粒的反应速率$=\rho_s V_p \mathrm{d}X/\mathrm{d}t = bA_p h_D (C_{A0}-C_{As}) = bA_p h_D (C_{Cs}-C_{C0})$ (6-26)

式中，C_{As}为 A 在空间的浓度。

假设介稳状态，由式（6-25）用表面浓度C_{As}和C_{Cs}代替C_{A0}与C_{C0}而得到$\mathrm{d}X/\mathrm{d}t$项：

$$\frac{\mathrm{d}X}{\mathrm{d}t}=\frac{bk(C_{As}-C_{Cs}/K_e)}{\rho_s}\left(\frac{A_P}{F_P V_P}\right)\times\left[g'_{F_P}(X)+\sigma_s^2 P'_{F_P}(X)\right]^{-1} \tag{6-27}$$

将式（6-27）代入式（6-26），得：

$$\frac{C_{As}-C_{Cs}/K_e}{C_{A0}-C_{C0}/K_e}=\frac{\left[g'_{F_P}(X)+\sigma_s^2 P'_{F_P}(X)\right]}{2\sigma_s^2/Sh^*+\left[g'_{F_P}(X)+\sigma_s^2 P'_{F_P}(X)\right]} \tag{6-28}$$

$$\text{式中 } Sh^*=\frac{h_D}{D_e}(F_P V_P/A_P)=(D/D_e)\,Sh \tag{6-29}$$

Sh^*是修正的 Sherwood 数。最后将式（6-27）、式（6-28）合并积分，得转化率与时间的表达通式为：

$$t^*=g_{F_P}(X)+\sigma_s^2\left[P_{F_P}(X)+2X/Sh^*\right] \tag{6-30}$$

在此方程式中可以看出，当σ_s^2小时，Sh^*的影响可以忽略不计，即化学反应控制。甚至当σ_s^2大时，外部传质比之通过产物层的扩散来说，也只是次要的。

6.3　熔融过程中焚烧飞灰颗粒中重金属元素挥发扩散模型

根据以前研究者对重金属元素挥发扩散方面的研究，首先做出以下基本假设：

（1）焚烧飞灰颗粒为球形；

（2）系统等温等压；

（3）挥发的重金属元素在颗粒中的初始浓度分布均匀；

（4）多孔介质内的对流忽略不计，重金属元素挥发物一经吸附，其扩散忽略不计；

（5）在多孔介质孔道内，吸附相与气相能够达到局部平衡。

多孔性物质内部的扩散现象极为复杂，受到孔道扩散和孔壁表面扩散两方面的影响，但类似于分子扩散，以扩散物质的浓度梯度为推动力。在多孔介质内，由于浓度C不是连续的，所以用某一点附近的无限小体积内的浓度平均值来代表这一点的浓度，由这样的浓度定义的扩散系数称为有效扩散系数D_e，因此，当孔道扩散与表面扩散同时发生的情况下的扩散速率N可用下式表示：

$$N=-D_e\frac{\partial C}{\partial r} \tag{6-31}$$

随着颗粒的温度上升，颗粒中所含的重金属元素化合物开始挥发成重金属元素蒸气，由颗粒内部向外扩散。在这个过程中重金属元素蒸气的质量传递主要包括重金属元素蒸气从孔道内向颗粒表面的气相扩散和重金属元素蒸气在孔道壁上的分子吸附两部分。因此，重金属元素蒸气气相内的平衡表达式为：

固体吸附的重金属元素蒸气＋金属元素蒸气在气相内的集聚＝颗粒孔道内的扩散

对于如图 6-2 所示的球形颗粒（半径为 R）内的半径 r 和 $r+\mathrm{d}r$ 之间球壳的物料衡算有：

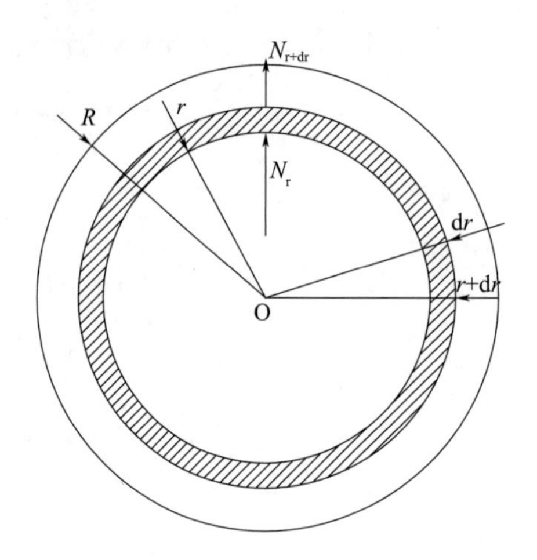

图 6-2 重金属蒸气在飞灰颗粒孔道内的传质分析

$$4\pi r^2 N_r - 4\pi (r+\mathrm{d}r)^2 N_{r+\mathrm{d}r} = 4\pi r^2 \mathrm{d}r\left(\varepsilon_p \frac{\partial C}{\partial t} + \rho_p \frac{\partial q}{\partial t}\right) \tag{6-32}$$

将式（6-31）代入（6-32），得：

$$4\pi D_e\left[r^2 \frac{\partial^2 C}{\partial r^2} + 2r\frac{\partial C}{\partial r} + 2r\frac{\partial^2 C}{\partial r^2}(\mathrm{d}r) + \left(\frac{\partial C}{\partial r} + \frac{\partial^2 C}{\partial r^2}\mathrm{d}r\right)\cdot(\mathrm{d}r)\right] = 4\pi r^2\left(\varepsilon_p \frac{\partial C}{\partial t} + \rho_p \frac{\partial q}{\partial t}\right) \tag{6-33}$$

经整理得：

$$\rho_p \frac{\partial q}{\partial t} + \varepsilon_p \frac{\partial C}{\partial t} = D_e\left(\frac{\partial^2 C}{\partial r^2} + \frac{2}{r}\cdot\frac{\partial C}{\partial r}\right) \tag{6-34}$$

令
$$\frac{\partial q}{\partial t} = \frac{\partial q}{\partial C}\cdot\frac{\partial C}{\partial t}$$

则有：

$$\rho_p \frac{\partial q}{\partial C}\cdot\frac{\partial C}{\partial t} + \varepsilon_p \frac{\partial C}{\partial t} = D_e\left(\frac{\partial^2 C}{\partial r^2} + \frac{2}{r}\cdot\frac{\partial C}{\partial r}\right) \tag{6-35}$$

所以，重金属元素质量平衡方程式为：

$$\frac{\partial C}{\partial t} = \frac{D_e}{\varepsilon_p + \rho_p\cdot\frac{\partial q}{\partial C}}\cdot\left(\frac{\partial^2 C}{\partial r^2} + \frac{2}{r}\cdot\frac{\partial C}{\partial r}\right) \tag{6-36}$$

令
$$D^* = \frac{D_e}{\varepsilon_p + \rho_p\cdot\frac{\partial q}{\partial C}} \tag{6-37}$$

则式（6-31）变为：

$$\frac{\partial C}{\partial t} = D^*\left(\frac{\partial^2 C}{\partial r^2} + \frac{2}{r}\cdot\frac{\partial C}{\partial r}\right) \tag{6-38}$$

边界条件：

颗粒中心：$\left.\frac{\partial C}{\partial r}\right|_{r=0}=0$；（6-39）

颗粒表面：$-D_e\left.\frac{\partial C}{\partial r}\right|_{r=R}=k\ (C_{r=R}-C_e)$（6-40）

初始条件：

$$q\ (r,\ t=0)\ =q_0 \tag{6-41}$$

$$C\ (r,\ t=0)\ =C_0 \tag{6-42}$$

其中，有效扩散系数与真扩散系数的关系为：

$$D_e=\frac{\varepsilon_p}{\tau_p}\cdot D \tag{6-43}$$

飞灰颗粒表面的重金属元素蒸气流率为：

$$F\ (t)\ =-4\pi R^2 D_e\left.\frac{dC}{dr}\right|_{r=R} \tag{6-44}$$

式中，N 为颗粒内的扩散速度，$kg\cdot(m^2\cdot s)^{-1}$；D_e为有效扩散系数，$m^2\cdot s^{-1}$；r 为扩散方向的距离，m；ρ_p为颗粒密度，$kg\cdot m^{-3}$；R 为颗粒半径，m；q 为颗粒内固体对重金属元素蒸气的吸附量，$kg\cdot kg^{-1}$；C 为重金属元素蒸气浓度，$kg\cdot m^{-3}$；C_e为颗粒外边界上的重金属元素蒸气浓度，$kg\cdot m^{-3}$，取 $C_e=0$；ε_p为颗粒的孔隙率；τ_p为颗粒内孔道的弯曲因子；D^* 为表观扩散系数，$m^2\cdot s^{-1}$；D 为实扩散系数，$m^2\cdot s^{-1}$；t 为时间，s；k 为传质系数，$m\cdot s^{-1}$。

由假设（5），在颗粒内的任一尺寸范围内，均能达到吸附平衡。当达到吸附平衡时，颗粒吸附量与重金属蒸气浓度 C 可存在以下关系：

（1）亨利吸附等温式：

$$q=HC \tag{6-45}$$

（2）费劳德里希（Freundlich）吸附等温式：

$$q=K_F C^{\frac{1}{n_0}} \tag{6-46}$$

（3）朗格缪尔（Langmiur）吸附等温式：

$$q=q_0\frac{b_L C}{1+b_L C} \tag{6-47}$$

式中，H 为亨利等温吸附常数，$m^3\cdot kg^{-1}$；K_F和 n_0分别为 Freundlich 等温吸附常数；b_L为 Langmuir 等温吸附常数，而 q_0与吸附剂的吸附总量有关。

当吸附平衡为亨利等温吸附平衡时，

$$\frac{\partial q}{\partial C}=H \tag{6-48}$$

则，表观扩散系数 $D*$ 为常数，即：

$$D^*=\frac{D_e}{\varepsilon_p+\rho_p H} \tag{6-49}$$

所以，式（6-38）的解析解为：

$$C(r,t)=-\frac{2C_0R}{\pi r}\sum_{n=1}^{\infty}\frac{(-1)^n}{n}\sin\left(\frac{n\pi r}{R}\right)\exp\left[-\left(\frac{n\pi}{R}\right)^2D^*t\right]0\leqslant r\leqslant R,t\geqslant 0 \quad (6\text{-}50)$$

且，

$$\frac{\bar{q}(t)}{q_0}=\frac{6}{\pi^2}\sum_{n=1}^{\infty}\frac{1}{n^2}\exp\left[-\left(\frac{n\pi}{R}\right)^2D^*t\right] \quad (6\text{-}51)$$

其中，$\bar{q}$（t），为颗粒内重金属元素的平均浓度，$\bar{q}(t)=\frac{3}{R^3}\int_0^R q\cdot r^2\mathrm{d}r$ (6-52)

若以U表示在经历 t 时间的重金属元素的挥发率，则

$$U=1-\frac{\bar{q}(t)}{q_0}=1-\frac{6}{\pi^2}\sum_{n=1}^{\infty}\frac{1}{n^2}\cdot\exp\left[-\left(\frac{n\pi}{R}\right)^2D^*t\right] \quad (6\text{-}53)$$

为了简化计算，以式（6-50）、式（6-51）、式（6-53）的第一项，则有：

$$C(r,t)=\frac{2C_0R}{\pi r}\sin\left(\frac{\pi r}{R}\right)\exp\left[-\left(\frac{\pi}{R}\right)^2D^*t\right]0\leqslant r\leqslant R,\ t\geqslant 0 \quad (6\text{-}54)$$

$$\frac{\bar{q}(t)}{q_0}=\frac{6}{\pi^2}\exp\left[-\left(\frac{\pi}{R}\right)^2D^*t\right] \quad (6\text{-}55)$$

$$U=1-\frac{6}{\pi^2}\exp\left[-\left(\frac{\pi}{R}\right)^2D^*t\right] \quad (6\text{-}56)$$

则，

$$\frac{\mathrm{d}C}{\mathrm{d}r}=\frac{2C_0R}{\pi}\exp\left[-\left(\frac{\pi}{R}\right)^2D^*t\right]\cdot\left[\frac{\frac{\pi r}{R}\cos\frac{\pi r}{R}-\sin\frac{\pi r}{R}}{r^2}\right]\left.\frac{\mathrm{d}C}{\mathrm{d}r}\right|_{r=R} \quad (6\text{-}57)$$

$$=-\frac{2C_0}{R}\exp\left[-\left(\frac{\pi}{R}\right)^2D^*t\right]$$

所以，颗粒表面的重金属元素蒸气流率为：

$$F(t)=8\pi RD_eC_0\exp\left[-\left(\frac{\pi}{R}\right)^2D^*t\right] \quad (6\text{-}58)$$

6.4 焚烧飞灰熔融过程中重金属元素释放的数学模型

焚烧飞灰重金属元素在熔融过程中的行为与飞灰试样的矿物组成密切相关，当焚烧飞灰试样温度升高时，试样会发生熔融，重金属元素逐步从飞灰熔融体脱离出来，挥发性气体并通过熔融体的气孔扩散而释放出来。研究表明重金属元素的挥发率与其在飞灰中的浓度成正比，因此，总的质量传递速率如下：

$$W_{\mathrm{i,t}}=K\frac{S_{\mathrm{s,t}}}{V_{\mathrm{t}}}C_{\mathrm{i}}^{\mathrm{b}}\ [\mathrm{mol}\cdot(\mathrm{m}^3\cdot\mathrm{s})^{-1}] \quad (6\text{-}59)$$

式中，K（$\mathrm{m}\cdot\mathrm{s}^{-1}$）表示总的速率常数；$S_{\mathrm{s,t}}$（$\mathrm{m}^2$）为试样熔融体总的表面积；$V_{\mathrm{t}}$（$\mathrm{m}^3$）为飞灰试样熔融体总的体积；$C_{\mathrm{i}}^{\mathrm{b}}$（$\mathrm{mol}\cdot\mathrm{m}^{-3}$）是重金属元素 i 在飞灰试样熔融体中的浓度。在低摩尔浓度下：

$$\frac{\mathrm{d}X_{\mathrm{i}}}{\mathrm{d}t}=-K\frac{S_{\mathrm{s,t}}}{V_{\mathrm{t}}}X_{\mathrm{i}} \quad (6\text{-}60)$$

对式（6-60）积分得：

$$\ln(X_{\mathrm{i}}/X_{\mathrm{i},0}) = -K\frac{S_{\mathrm{s,t}}}{V_{\mathrm{t}}}(t-t_0) \tag{6-61}$$

这里 $S_{\mathrm{s,t}}/V=3/r_{\mathrm{i}}$，$r_{\mathrm{i}}$表示焚烧飞灰试样熔融体内含物的半径，$X_{\mathrm{i}}$为重金属元素的质量百分比；因此总的速率常数 K，可通过 $\ln\left(\frac{X_{\mathrm{i}}}{X_{\mathrm{i},0}}\right)$与时间的曲线的斜率来确定。

由于焚烧飞灰试样在熔融过程中重金属元素挥发与矿物组分的气化机理是一致的，因此假定通过飞灰颗粒边界层的输运可以忽略，则可计算出重金属元素从熔融体到主气流中的三个阶段的传输速率，如图 6-3 所示，这三个阶段分别为：

① 重金属元素从飞灰熔融熔液内部到熔液表面的输运过程；

② 试样中重金属元素在熔融体表面的气化过程；

③ 气相的重金属元素通过熔融体晶格间孔隙扩散到矿物质熔融表面的输运过程。

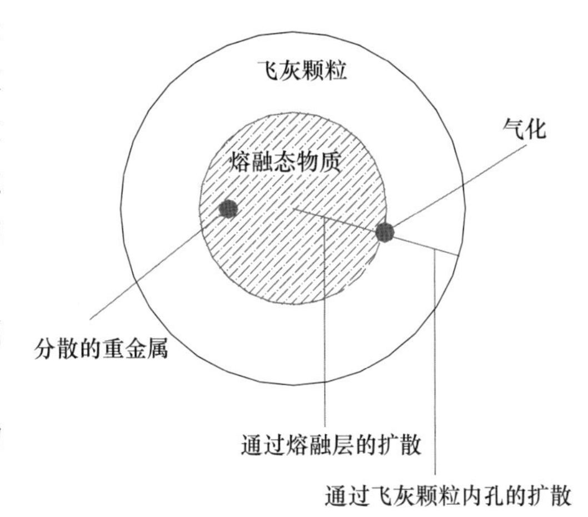

图 6-3　重金属元素熔融时的挥发模型

6.4.1　重金属元素在飞灰试样熔融体表面的气化

假定某一重金属元素 i 被置于它的饱和蒸气压环境中，且系统处于热力学动态平衡状态。元素 i 不停地发生挥发气化，同时凝聚也不间断地进行，但其气化速率等于凝聚速率。单位面积上气化等分子数等于凝聚的分子数，净挥发速率等于零。可用下式表示：

$$N_{\mathrm{V}} = N_{\mathrm{G}} - N_{\mathrm{C}} = 0 \tag{6-62}$$

式中，N_{V}表示单位面积上的挥发速率，等于气化速率 N_{G}和凝聚速率 N_{C}之差。

然而，在气相中的分子处于不停的热运动状态，只有那些与凝聚相表面碰撞的分子，才能发生凝聚过程。一部分碰撞的分子将被弹回到气相当中，不会发生凝聚反应。能够凝聚的分子数占总的碰撞分子的份额称为凝聚系数，记为 α。所以

$$N_{\mathrm{G}} = N_{\mathrm{C}} = \alpha N_{\mathrm{CO}} \tag{6-63}$$

式中，N_{CO}表示单位面积上碰撞频率。

由气体分子运动理论可计算出碰撞频率。根据麦克斯威尔气体分子速度分布理论，单位体积气体中气体分子运动速率 u_1至 $u_1+\mathrm{d}u_1$间隔的分子数 $\mathrm{d}n_1$可由下式计算

$$\mathrm{d}n_1 = \frac{4n}{\sqrt{\pi}}\left(\frac{m_{\mathrm{i}}}{2k_{\mathrm{b}}T}\right)^{\frac{3}{2}} e^{-\frac{m_i u_1^2}{2kT}} u_1^2 \mathrm{d}u_1 \tag{6-64}$$

式中，m_i表示含有重金属 i 的矿物质的分子量；n 表示单位体积中含有重金属 i 的矿物质分子总数；k_b为波尔兹曼常数。

在计算碰撞频率时，应考虑分子的运动方向。分子运动速度在 u_1 至 u_1+du_1，运动方向与 z 轴夹角为 θ 至 $\theta+d\theta$，运动方向在 xOy 平面上投影和 x 轴夹角 ϕ 至 $\phi+d\phi$ 范围内的分子数 $dn_{1\theta\phi}$，而且：

$$dn_{1\theta\phi}=\frac{\sin\theta d\theta d\phi}{4\pi}dn_1=n\left(\frac{m_i}{2\pi k_b T}\right)^{\frac{3}{2}}u_1^2\sin\theta du_1 d\theta d\phi \tag{6-65}$$

具有上述速度大小和方向的分子，与 xOy 平面单位面积 $ABCD$ 的碰撞频率，等于 $ABCD$ 为底，以速率 u_1 为斜边的斜方体（其体积为 $v_1\cos\theta$）中包含的具有该速度大小和方向大分子数，如图 6-4 所示。

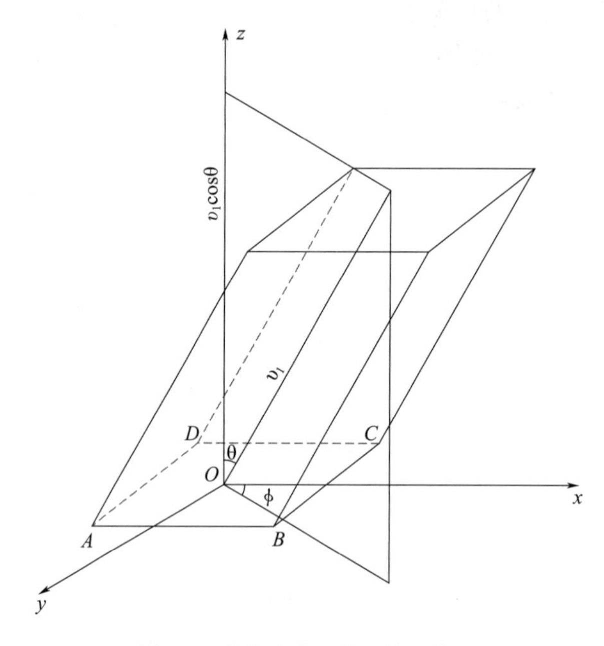

图 6-4　蒸气和表面的碰撞示意图

$$dN_{CO}=u_1\cos\theta dn_{1\theta\phi}=\frac{\sin\theta\cos\theta}{4\pi}u_1 dn_1 d\theta d\phi=n\left(\frac{m_i}{2\pi kT}\right)^{\frac{3}{2}}e^{-\frac{m_i u_1^2}{2k_b T}}u_1^3\sin\theta\cos\theta du_1 d\theta d\phi \tag{6-66}$$

碰撞单位面积 $ABCD$ 的总速率，等于所以速率大小和方向大积分。v_1 的积分限为 0 至∞，θ 的积分限为 0 至$\frac{\pi}{2}$，ϕ 为 0 至 2π。θ 角大于$\frac{\pi}{2}$的分子将离开表面，不与表面 $ABCD$ 碰撞。

$$N_{CO}=\int_0^{2\pi}d\phi\int_0^{\pi/2}\sin\theta\cos\theta d\theta\int_0^{\infty}n\left(\frac{m_i}{2\pi k_b T}\right)^{\frac{3}{2}}e^{-\frac{m_i u_1^2}{2k_b T}}u_1^3 du_1=n\sqrt{\frac{k_b T}{2\pi m_i}} \tag{6-67}$$

$$N_G=N_C=\alpha n\sqrt{\frac{k_b T}{2\pi m_i}} \tag{6-68}$$

由理想气体状态方程，$PV=RT=Nk_bT$，可得到下式：

$$n=\frac{N}{V}=\frac{p_i}{k_bT} \tag{6-69}$$

式中，N 为阿佛伽德罗常数（$6-02\times10^{23}\ mol^{-1}$），将式（6-69）代入式（6-68）得到每秒钟每平方厘米的气化分子数：

$$N_G=\frac{\alpha p_i}{\sqrt{2\pi m_i kT}} \tag{6-70}$$

将式（6-70）整理，得到：

$$N_G=\frac{\alpha p_i}{\sqrt{2\pi M_i kT}} \tag{6-71}$$

式（6-71）气化速度单位为：克分子/米^2·秒；M_i为元素 i 的摩尔质量（$g\cdot mol^{-1}$）；

$$N_{CO}=\frac{\alpha p_{io}}{\sqrt{2\pi M_i RT}}\ [mol\cdot(m^2\cdot s)^{-1}] \tag{6-72}$$

式中 p_{io}表示含有重金属元素 i 的矿物质的实际压力，则净的挥发速度为：

$$N_V=\frac{\alpha}{\sqrt{2\pi M_i RT}}(p_i-p_{io}) \tag{6-73}$$

则在真空条件下，$p_{io}<<p_i$，其凝聚过程可忽略，单位时间单位面积上的挥发损失为：

$$W=\frac{\alpha p_i}{\sqrt{2\pi RTM_i}}\ [mol\cdot(m^2\cdot s)^{-1}] \tag{6-74}$$

对于焚烧飞灰熔融体内的重金属元素 i，可以看做溶质，是重金属元素，溶液是熔融体的稀溶液。而在试样熔融体表面可以认为是高度真空，其凝聚过程可以忽略，所以通过动力学理论，Langmuir 得到高真空下流动界面溶质的最大气化速率的表达式：

$$W_{i,vap}=\frac{\alpha p_i^e}{\sqrt{2\pi RTM_i}}\ [mol\cdot(m^2\cdot s)^{-1}] \tag{6-75}$$

这里 α 是再凝结系数，对液体来说为单位量。对于稀溶液来说，试样熔融体表面的平衡压力 p_i^e，与同温度下纯液体组分的平衡压力 p_i^0 相关，即：

$$p_i^e=p_i^0\gamma_i H_i^e \tag{6-76}$$

γ_i 是无限稀溶液中溶解质 i 的 Raoultian 活性系数。p_i^0 可参照文献中的数据外推得到。H_i^e 是气液界面上痕量元素 i 的摩尔分数，可以式（6-77）确定。

$$H_i^e=\frac{M}{\rho}C_i^e \tag{6-77}$$

C_i^e（$mol\cdot m^{-3}$）是重金属元素 i 的表面摩尔浓度，所以 i 的最大摩尔流量可以由式（6-76）、式（6-77）及式（6-75）得到如下方程。

$$W_{i,vap}=\frac{p_i^0\gamma_i M}{\rho\sqrt{2\pi RTM_i}}C_i^e \tag{6-78}$$

或者

$$W_{i,vap}=K_E C_i^e \tag{6-79}$$

所以
$$K_E=\frac{p_i^0 \gamma_i M}{\rho \sqrt{2\pi RTM_i}} \tag{6-80}$$

式（6-75）和式（6-80）只是在高真空的情况下才是正确的。当熔融体表面不是高真空时，那么熔融体上气相重金属的分压也就不等于 0，熔融体表面重金属元素的气化速率低于最大值。在这种情况下，气化速率由 Langmuir-Knudsen 方程可以得到，即：

$$W_{i,vap}=\frac{(p_i^e-p_i^*)}{\sqrt{2\pi RTM_i}} \tag{6-81}$$

式中，p_i^* 是重金属元素 i 在界面上分压。

6.4.2 气相重金属元素通过多孔熔融体的输运子过程

气相从焚烧飞灰熔融体表面到主气流的输运过程可以根据 Quann 和 Sarofim 提出的方法进行计算。由于飞灰熔融过程中有多种产生气相物质的途径，所以在飞灰颗粒内存在一个可能的气相区。因为飞灰中含有重金属的矿物质所占的体积百分比仅有 1% 左右，所以可近似估计焚烧飞灰内气相物质的摩尔分数沿平均宏观半径方向的分布。若 ρ_l 是单颗粒飞灰中含有重金属物相的密度，则气相的重金属元素的摩尔分数 H_i 与飞灰颗粒半径的关系由下式确定。

$$cD_e \nabla^2 H_i+\rho_l V_l^i (r)=0 \tag{6-82}$$

$$V_l^i=4\pi r_i cD_e (H_i^*-H_i) \tag{6-83}$$

这里 H_i^* 是重金属物相的表面蒸气的平衡摩尔分数，D_e 是飞灰内 Knudsen 有效扩散系数，r_i 是含有重金属的化合物的半径。c（$mol \cdot m^{-3}$）是气体的浓度。

由于飞灰颗粒熔融的特征时间远大于重金属元素扩散的时间，所以假定飞灰颗粒内为准稳态过程。另外还要考虑颗粒表面和内部的含有重金属物相的总量变化。在熔融结束阶段，当表面随熔融过程而逐渐后退时，最初镶嵌在飞灰内部的重金属物相将会连续出现在熔融试样表面。由于熔融试样表面的氧浓度要高于熔融试样内部，所以熔融试样外表面的重金属物相处于氧化性气氛，所以其气化相对于熔融体内部的气化可以忽略。试样内的重金属物相的数量 N_l，在熔融开始后任一时间 t 时的值可以由下式得出：

$$N_l=\theta\left(\frac{r_{p'}}{r_i}\right)^3=\theta\left(\frac{r_{0'}}{r_i}\right)^3\left(1-\frac{t}{t_b}\right)^{\frac{3}{2}} \tag{6-84}$$

这里 θ 是试样内重金属物相的体积分数，$r_{p'}$ 是时间 t 时的飞灰试样半径，$r_{0'}$ 是初始飞灰颗粒半径。t_b 是熔融结束时间。在熔融结束阶段，N_l 是逐渐减少的，而 θ 和 ρ_l 则保持不变。

方程（6-82）的边界层条件为：$\begin{cases} r=0\ \dfrac{dH_i}{dr}=0 \\ r=r_{p'}-4\pi r_{p'}^2 cD_e^n \dfrac{dH_i}{dr}=4\pi r_{p'} D_{O_2}\beta H_i^s \end{cases}$　　(6-85)

$$\beta=\left[1-\exp\left\{-\frac{D_{O_2}}{D_m}\text{In}\ (1+x_{O_2}^b)\right\}\right]^{-1}\ln\ (1+x_{O_2}^b)$$

其中 D_e^n 为有效努森扩散系数；D_m，D_{O_2}，$x_{O_2}^b$ 分别指主气流中气相的重金属元素的扩散率，主气流中 O_2 的扩散系数，主气流中 O_2 的摩尔分数。

$$D_e^n=9700r_e\sqrt{T/M_i}\ (cm^2\cdot s^{-1}) \tag{6-86}$$

D_e^n 扩散系数可以由方程（6-86）求得。其中 $r_e=\dfrac{2\varepsilon}{S\rho_c}$，ε 为飞灰颗粒的孔隙率，S 为比表面积，$\rho_{fa}$ 为飞灰的密度。

第二个边界条件表示飞灰颗粒内部与外部的重金属元素的传输速率相等，H_i^s 为熔融体表面的蒸气摩尔分数。假定当 r 趋于无穷大时，H_t趋近于 0。

在求解方程时采用了 Thiele 模数，该模数只与矿物质的数量和特征尺寸有关，如下式。

$$\phi=(3\theta)^{1/2}\left(\frac{r_{p'}}{r_i}\right) \tag{6-87}$$

单个飞灰颗粒的总的瞬时气化速率 V_c（$mol\cdot s^{-1}$）为：

$$r=r_{p'},\ V_c=4\pi r^2 cD_e\frac{dH_i}{dr}=4\pi r_p D_{O_2}\alpha H_i^S \tag{6-88}$$

而熔融体表面的气相重金属元素的摩尔分数 H_i^S 为：

$$H_i^S=\left[\frac{\dfrac{D_e^n}{\alpha D_{O_2}}\left(\dfrac{\phi}{\tanh\phi}-1\right)}{1+\dfrac{D_e^n}{\alpha D_{O_2}}\left(\dfrac{\phi}{\tanh\phi}-1\right)}\right]H_i^* \tag{6-89}$$

$$\eta_l=\frac{3}{\phi}\left[\frac{1}{\tanh\phi}-\frac{1}{\phi}\right]\times\left[1+\frac{D_e^n}{\alpha D_{O_2}}\left(\frac{\phi}{\tanh\phi}-1\right)\right]^{-1} \tag{6-90}$$

式中，η_l 为有效因子，表示考虑了颗粒间反应及外部扩散控制后的总的气化速率与不考虑这些因素单颗粒的气化速率之比。所以瞬时速率可以表达为：

$$V_c=\eta_l N_l V_l^i \tag{6-91}$$

$V_l^{n_i}$ 是单个未反应的重金属物相的气化速率，如方程（6-92）：

$$V_l^{n_i}=4\pi r_i cD_e^n H_i^* \tag{6-92}$$

$$所以\ V_c=\eta_l N_l 4\pi r_i D_e^n CH_i^*\ (mol\cdot s^{-1}) \tag{6-93}$$

当硅酸盐的数量增加时，决定气相的重金属元素从硅酸盐表面扩散到焦炭表面的有效因子会降低，但总的气化速率是增加的。

由 $CH_i^*=\dfrac{p_i^*}{RT}$可得到：

$$V_c=\eta_l N_l 4\pi r_i D_e^n\frac{p_i^*}{RT} \tag{6-94}$$

6.4.3 重金属元素从飞灰熔融体矿物相内部扩散到熔融体表面的输运过程

重金属元素 i 从熔融体内矿物相扩散到熔融体表面的输运过程中的摩尔流可以表示为方程（6-95）的形式：

$$W_{i,vap}=K_L\ (C_i^b-C_i^e) \tag{6-95}$$

这里 K_L（$mol\cdot s^{-1}$）表示熔融体内的质量传递系数，可以用 Machlin 模型得到。Machlin 模型假定靠近气-固（熔融体）界面的熔融体是以刚体的形式在移动，因此，重金属元素的挥发只是通过熔融体到界面的扩散来传递的，故本试验研究中采用了一维近似扩散的概念，表达式如下式所示。

$$W_{i,vap}=\frac{1}{r_i}D_{j,i}\ (C_i^b-C_i^e) \tag{6-96}$$

$$因此，K_L=\frac{1}{r_i}D_{j,i}\ (mol\cdot s^{-1}) \tag{6-97}$$

这样熔融体的扩散系数可以由方程（6-95）来表示：

$$D_{j,i}=D_0\exp\left(-\frac{E_D}{RT}\right) \tag{6-98}$$

$$所以\ K_L=\frac{1}{r_i}D_0\exp\left(-\frac{E_D}{RT}\right) \tag{6-99}$$

总的气化速率 $W_{i,vap}$必须乘上 $4\pi r_i^2N_1$。通过比较方程（6-93）和（6-94）可以得到：

$$p_i^e=W_{i,t}\left(\sqrt{2\pi RTM_i}+\frac{r_iRT}{\eta D_i^*}\right) \tag{6-100}$$

对稀溶液，重金属元素 i 的平衡压力可以由下式求出：

$$p_i^e=p_i^0\gamma_i\frac{M}{\rho}C_i^e \tag{6-101}$$

把式（6-101）代入式（6-100）中，可以得到：

$$C_i^e=W_i\left(\frac{\rho\sqrt{2\pi RTM_i}}{p_i^0\gamma_iM}+\frac{\rho r_iRT}{p_i^0\gamma_iM\eta D_i^*}\right) \tag{6-102}$$

比较式（6-102）和式（6-96）消除 C_i^e，得：

$$W_{i,t}=\frac{C_i^b}{\left(\frac{1}{K_L}+\frac{1}{K_E}+\frac{\rho r_iRT}{p_i^0\gamma_iM\eta D_i^*}\right)} \tag{6-103}$$

所以可以得到气相重金属元素通过熔融体飞灰颗粒的质量传递系数 K_U：

$$K_U=\frac{p_i^0\gamma_iM\eta D_i^*}{\rho r_iRT} \tag{6-104}$$

加上式（6-99）和式（6-92），就可以求出总的质量传递系数为：

$$\frac{1}{K}=\frac{1}{K_L}+\frac{1}{K_E}+\frac{1}{K_U} \tag{6-105}$$

式中，K_E和 K_U分别为熔融液体到气体的质量传递系数，气相在熔融体飞灰颗粒输送的质量传递系数。

6.5 模型计算与分析

6.5.1 熔融过程中飞灰颗粒中重金属的挥发扩散模型的计算与分析

6.5.1.1 重金属的挥发扩散模型的计算

模型计算前先对模型中的基本参数进行确定。

(1) 扩散系数

真扩散系数 D 取决于平均自由程 l 与颗粒内的孔道直径 δ。

当 $l<<\delta$，$D=D_m$，D_m为分子扩散系数；当 l 与 δ 同阶，即 $l\approx\delta$，则有下式：

$$\frac{1}{D}=\frac{1}{D_m}+\frac{1}{D_k} \tag{6-106}$$

D_k为奴森扩散系数，D_k可由下式计算：

$$D_k=\frac{1}{3}\delta\sqrt{\frac{8RT}{\pi M}} \tag{6-107}$$

当 $l>>\delta$，$D=D_k$。

平均自由程 l 可通过下式计算：

$$l=\frac{RT}{\sqrt{2}\pi P N_0 \phi^2} \tag{6-108}$$

式中，N_0为阿佛加得罗常数，$N_0=6.02\times10^{23}$；P 为总压，Pa；ϕ 为平均分子直径，m。D_m值可由下式模拟：

$$D_{m,metal}=D_{m,HgCl_2}\times\sqrt{\frac{M_{HgCl_2}}{M_{metal}}} \tag{6-109}$$

式中，$D_{m,HgCl_2}$ 为 $HgCl_2$ 的分子扩散系数，$cm^2\cdot s^{-1}$；M_{HgCl_2} 为 $HgCl_2$ 的分子量；M_{metal}为所求金属元素化合物的分子量。

扩散系数与温度的关系符合阿伦尼乌斯公式：

$$D=D_0 e^{-\frac{\Delta H}{RT}} \tag{6-110}$$

式中，ΔH、D_0为参数。

(2) 亨利吸附常数 H

亨利吸附只适用于吸附量较小时的情况，一般只限于吸附量占形成单分子层吸附量的10%以下者。因为煤炭中所含的金属元素浓度较低，灰渣颗粒吸附的金属元素挥发物很低，所以适用亨利吸附。吸附常数随着吸附质的种类和浓度、操作温度和压力等因素的变化而变化。

下面将以 Cd 为例对飞灰熔融过程中重金属迁移进行计算。

飞灰中含 Cd 的化合物在熔融炉内经高温熔融反应后，主要生成 CdO。

扩散系数的确定

CdO 分子量为 128.41，平均分子直径 ϕ 为：

$$\phi=2\times[r(Cd^{2+})+r(O^{2-})]=2\times(0.97+1.84)=5.62\times10^{-10}\text{m}$$

平均自由程 l 为：

$$l=\frac{RT}{\sqrt{2}\pi PN_0\phi^2}$$

$$=\frac{8.314\cdot T}{\sqrt{2}\pi\cdot1.013\times10^5\times6.02\times10^{23}\times(5.62\times10^{-10})^2}$$

$$=9.722\times10^{-11}\text{T}m$$

当温度 $T=1673\text{K}$ 时，$l=1238\times10^{-10}m$。

本试验过程中飞灰颗粒中的孔主要以大孔（$\delta>300\text{Å}$）为主。所以飞灰颗粒中 CdO 挥发物的扩散分子扩散和奴森扩散均存在。则：

$$D=\frac{D_m D_k}{D_m+D_k} \tag{6-111}$$

其中，$D_{m,CdO}=D_{m,HgCl_2}\times\sqrt{\frac{M_{HgCl_2}}{M_{CdO}}}=D_{m,HgCl_2}\times\sqrt{\frac{271.5}{114.46}}=1.54D_{m,HgCl_2}$

因为扩散系数与温度的关系符合阿伦尼乌斯公式：

$$D=D_0e^{\frac{E_a}{RT}} \tag{6-112}$$

所以 CdO 的分子扩散系数与温度的关系为：

$$D_m=6.633e^{\frac{1704}{T}} \tag{6-113}$$

假设孔道直径为 3×10^{-8}m，则奴森扩散系数为：

$$D_k=\frac{1}{3}\delta\sqrt{\frac{8RT}{\pi M}}=\frac{1}{3}\times300\times10^{-10}\times\sqrt{\frac{8\times8.314}{3.14\times\frac{128.41}{1000}}}T^{0.5}=1.360\times10^{-7}T^{0.5}m^2\cdot s^{-1}$$

所以，实扩散系数为：

$$D=\frac{9.023\times10^{-3}T^{0.5}\text{e}^{-\frac{1704}{T}}}{6.633\text{e}^{-\frac{1704}{T}}+1.360\times10^{-3}T^{0.5}}cm^2\cdot s^{-1}$$

有效扩散系数　$D_e=\frac{\varepsilon_p}{\tau_p}\cdot D=\frac{\varepsilon_p}{\tau_p}\frac{9.023\times10^{-3}T^{0.5}\text{e}^{-\frac{1704}{T}}}{6.633\text{e}^{-\frac{1704}{T}}+1.360\times10^{-3}T^{0.5}}$

曲折因子 τ_p 随多孔介质的结构、粒子或细孔尺寸分布以及通道的形状而有较大的变化，一般为 2～6 之间。为了简化计算，假设飞灰与灰渣的曲折因子 τ_p 相同，均为平均值 3；飞灰颗粒与灰颗粒对重金属元素挥发物的亨利吸附常数 H 为 $15\text{m}^3\cdot\text{kg}^{-1}$（小于黏土与矾土，大于硅土）。

因而，表观扩散系数为：

$$D^*=\frac{D_e}{\varepsilon_p+\rho_p H}=\frac{3.008\times10^{-3}\varepsilon_p}{\varepsilon_p+20\rho_p}\frac{T^{0.5}e^{-\frac{1704}{T}}}{6.633e^{-\frac{1704}{T}}+1.360\times10^{-3}T^{0.5}}$$

6.5.1.2　模型的计算及与试验值的比较

将 Cr、Ni、Co、Cu、Mn、Cd、Pb、Zn、As、Hg 按照上述方法求出 D^* 后，代入式（6-58），采用 Matlab 进行计算，再根据飞灰 FA1 中重金属含量，得出其固溶率。模型计算框图见图 6-5，具体结果如图 6-6～图 6-9 所示。

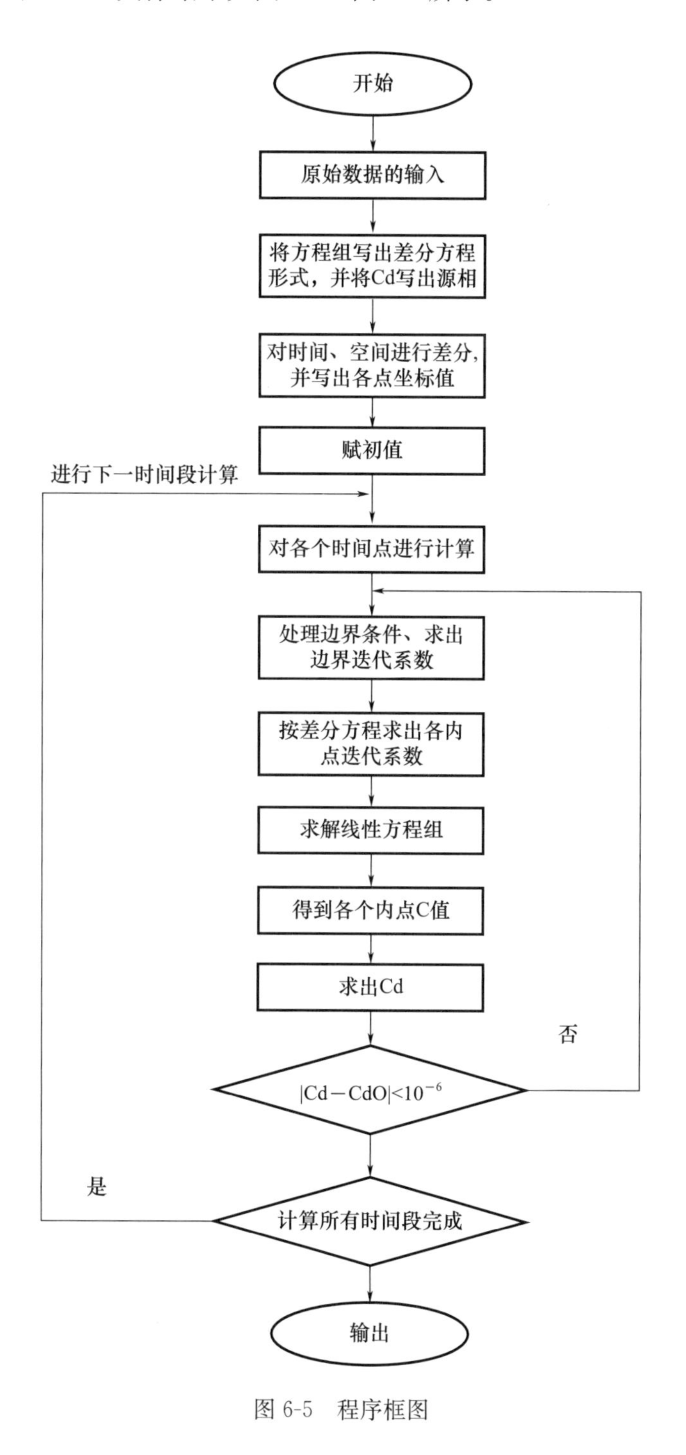

图 6-5　程序框图

图 6-6 为不同温度下重金属 Co、Cu 固溶率的模型计算值与试验值的比较。由图 6-6 可知，随着熔融温度的升高，Co 和 Cu 的固溶率的计算值与试验值相近，趋势基本吻合，其中 Co 的固溶率计算值较试验值的偏差较 Cu 的固溶率大，是由于飞灰试样中 Co 的受试验条件或检测条件变化的影响较大。

图 6-7 给出了不同熔融温度下重金属 Ni、Cr、Mn 的固溶率模型计算值与试验值的关系，发现 Ni、Cr 的固溶率的计算值与试验值吻合得较好，而 Mn 的固溶率的计算值明显高于试验值，但其随熔融温度的升高固溶率变化趋势基本一致。同时也说明，Mn 的挥发性理论上并不高，其固溶率的试验值受飞灰试样中其他化合物的影响较大。

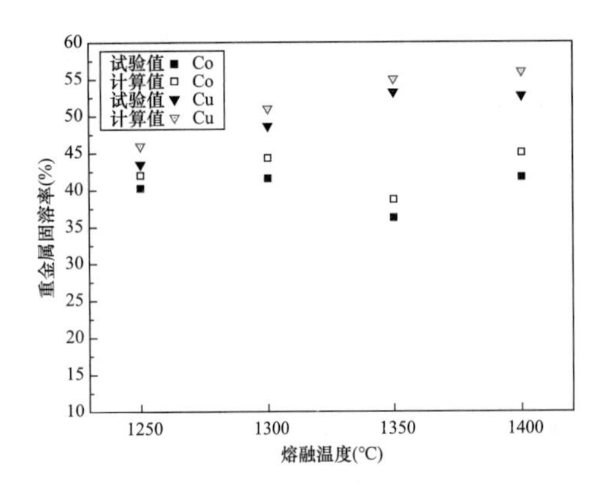

图 6-6　不同熔融温度下重金属 Co、Cu 的固溶率试验值与模型计算值比较

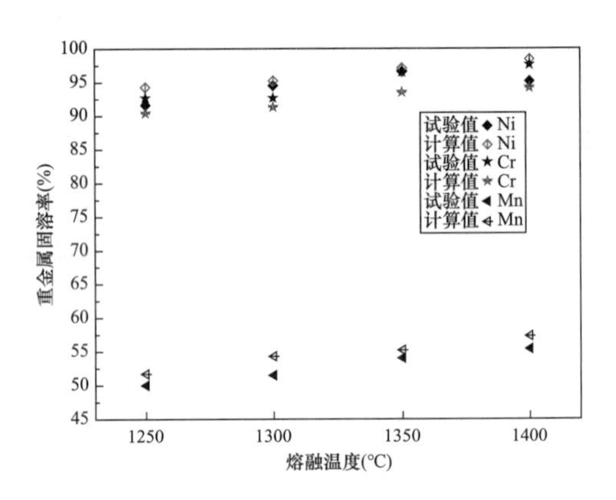

图 6-7　不同熔融温度下重金属 Ni、Cr、Mn 的固溶率试验值与模型计算值比较

图 6-8 为不同熔融温度下重金属 As、Cd、Pb 固溶率的试验值与计算值的比较。由图 6-8 可见，As、Cd、Pb 的固溶率的计算值略高于试验值，但二者结果基本相近。As 的固溶率的计算值随熔融温度的升高而减小，Pb 的固溶率的计算值与试验值均呈先增加后减小的趋势，虽二者达到最大值的熔融温度不同，但均在 1300～1350℃温度区间，总体上差别不大。

图 6-9 给出了不同熔融温度重金属 Zn、Hg 固溶率的试验值与计算值的关系。由图 6-9 可知，重金属 Zn 的固溶率的计算值随熔融温度的升高而增加，且在 1400℃条件下达到最大值，这种变化趋势与其试验测定值稍有差别，但变化趋势一致。熔融温度变化对 Hg 的固溶率的计算值影响较小，在 1250～1400℃温度区间变化不超过 5%；Hg 的固溶率的试验值受熔融温度影响较大，由于 Hg 及其化合物的沸点较低，且极易挥发，在熔融过程中几乎完全挥发，故其固溶率在试验条件极低，试验值与模型值的差异较为明显。

6.5.2　重金属元素释放的模型计算与分析

根据上述分析，以典型工况为例，选取直径为 50μm 的焚烧飞灰颗粒，计算了存在于重金属矿物相内的重金属的质量传递系数。假定焚烧飞灰颗粒内重金属矿物相的体

积分数 $\theta=3.6\%$，$\rho=4620\text{kg}\cdot\text{m}^{-3}$，平均的重金属矿物相直径为 $5\mu m$。即 $r_p=50\mu m$，$r_i=5\mu m$。ε 为飞灰颗粒的孔隙度，假定为 0.5，S 为表面积 $=100\text{m}^2\cdot\text{g}^{-1}$，$\rho_c$ 为飞灰的密度 $=2.31\text{g}\cdot\text{m}^{-3}$。分别对 1400℃下各个阶段的质量传递系数进行计算，并求出相应的总的质量传递系数。

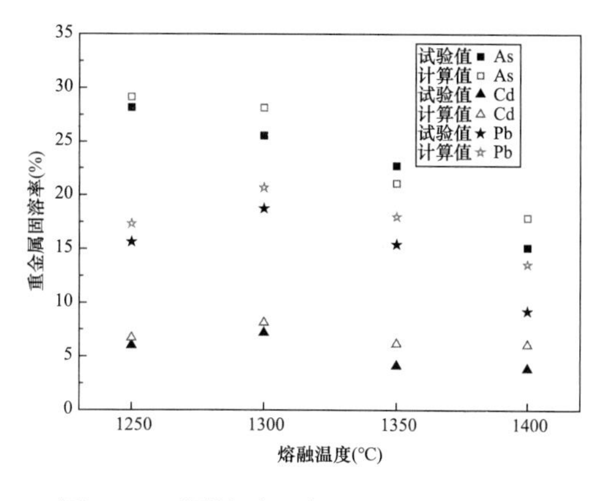

图 6-8　不同熔融温度下重金属 As、Cd、Pb 的固溶率试验值与模型计算值比较

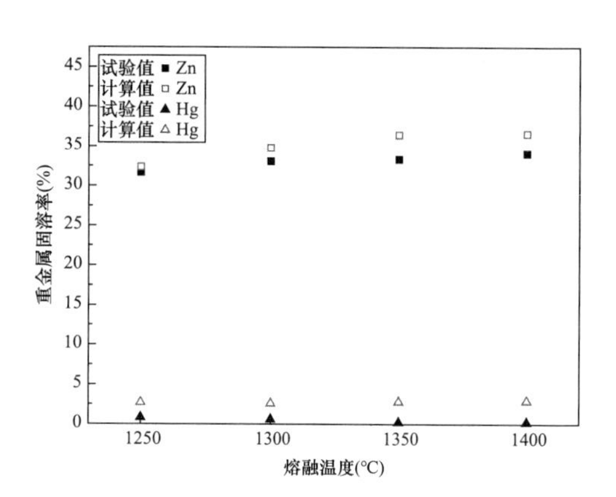

图 6-9　不同熔融温度下重金属 Zn、Hg 的固溶率试验值与模型计算值比较

经计算总质量传递速率常数 K，熔融矿物内重金属元素质量传递速率 K_L、熔融矿物质表面重金属挥发速率 K_E、飞灰层中重金属元素扩散速率 K_U的结果如表 6-1 所示。从表可以看出，在 1400℃温度下，对难挥发性重金属，如：Ni、Cr、Cu、Mn，$K_E>K_U>K_L$，而对于 Co $K_E>K_L>K_U$；对于挥发性重金属，如：As、Cd、Pb、Zn、Hg，$K_E>>K_U>K_L$。因此，在焚烧飞灰熔融的整个过程由熔融体内的扩散所控制，重金属元素从熔融体内到熔融体界面的输运过程起主要作用。

表 6-1　不同重金属在 1400℃温度下的质量传递系数（$\text{mol}\cdot\text{s}^{-1}$）

重金属	Ni	Cr	Cu	Co	Mn	As	Cd	Pb	Zn	Hg
$K_E\times10^{-3}$	1.503	2.436	1.734	0.751	0.953	235.57	324.5	28.13	80.59	303.897
$K_L\times10^{-6}$	2.220	3.867	2.332	1.0529	2.001	6.607	6.12	1.324	6.678	8.290
$K_U\times10^{-6}$	6.192	19.359	9.751	0.952	6.495	53.568	14.78	45.89	18.980	122.456
$K\times10^{-6}$	0.798	1.270	0.904	0.3.01	0.5942	5.132	4.78	0.83	5.087	6.612

在焚烧飞灰熔融过程中，对于不同种类的重金属元素在相同熔融温度下（1400℃），重金属挥发过程由上述三个阶段的不同步骤控制，由图 6-10 和图 6-11 可知，对于蒸气压较小的元素如 Ni、Cr、Cu、Mn，$K_U>>K_L>K_E$，K_L与 K_E基本上处于同一数量级，说明熔融过程中这些元素挥发过程主要由熔融矿物质表面重金属挥发速率 K_E和熔融矿物质内重金属元素质量传递速率 K_L共同控制，这些元素挥发时的活化能近似等于元素气化热效应；对于 Co 而言，$K_L>K_U>K_E$，熔融过程中其挥发过程主要熔融矿物质内重金属元素质量传递速率 K_L控制。

对于蒸气压较大的重金属（如 As、Cd、Zn、Pb、Hg）而言，$K_E >> K_U > K_L$，这表明挥发性重金属元素挥发由熔融矿物相内重金属扩散所控制，重金属元素从熔融体内到熔融体外界面的输运过程起着主要作用。与前面的试验结果相对比并结合图 6-10、图 6-11 可发现，模拟结果与试验结果基本上一致。模拟中设立了较多的假设条件，包括重金属矿物相均匀分布、活性参数的间接推导等都将对模拟结果的准确性产生影响。

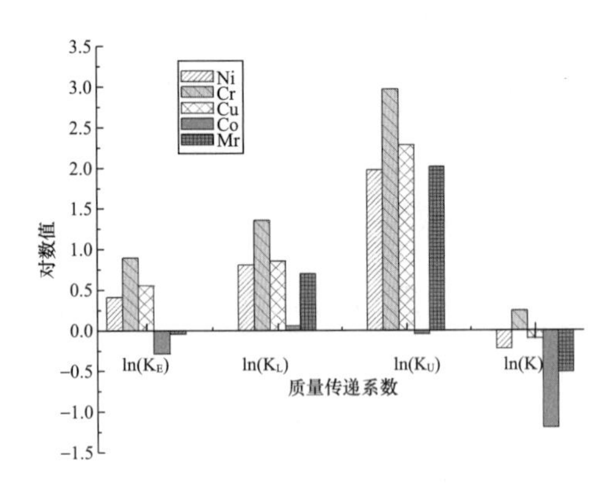

图 6-10　难挥发性重金属的 K_E、K_L、K_U、K 的关系

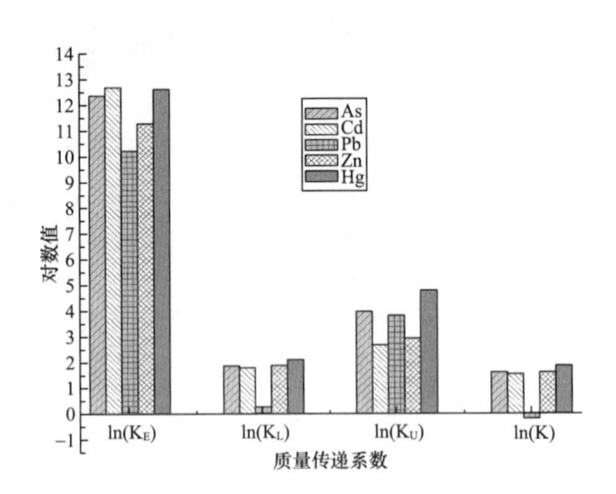

图 6-11　挥发性重金属的 K_E、K_L、K_U、K 的关系

6.6　本章小结

本章主要研究了熔融反应模型、重金属在飞灰熔融过程中的释放规律以及释放机理，并建立了飞灰多颗粒系统的反应模型、熔融过程中飞灰颗粒中重金属的挥发扩散模型、单颗粒飞灰在熔融温度下重金属元素的释放模型。

在焚烧飞灰熔融过程中重金属元素的挥发率，除了与重金属元素本身的物理化学性质有关外，不同种类的焚烧飞灰各元素所表现的行为也不相同，这主要与各重金属元素在飞灰中的存在形态有很大关系，同时由于飞灰粒本身含有一些矿物组分 SiO_2、$A1_2O_3$、MgO、CaO，可能与它们发生化学反应，同样也影响重金属元素的释放。

（1）建立了焚烧飞灰在熔融过程中重金属的挥发扩散模型，对不同熔融温度下重金属的固溶率进行了数值模拟，总体模拟结果与试验结果，数值相近，趋势基本吻合。

（2）重金属元素从熔融体扩散到主气流中的整个过程的释放速率，可以表示为重金属元素从熔融体内扩散到熔融体表面的质量传递速率 K_L，元素在熔融体表面的气化速率 K_E，及气相的重金属元素通过飞灰熔融体孔隙到外界主气流的输运速率 K_U，计算结果表明：在熔融温度下（1400℃），$K_E > K_U > K_L$，即整个气化过程由熔融体内的扩散所控制。

（3）对于 Ni、Cr、Cu、Mn，$K_U >> K_L > K_E$，熔融过程中这些元素挥发过程主要由熔融矿物质表面重金属挥发速率 K_E 和熔融矿物质内重金属元素质量传递速率 K_L 共同控制；对于 Co 而言，$K_L > K_U > K_E$，在熔融过程中的挥发主要熔融矿物质内重金属元素质量传递速率 K_L 控制。对于 As、Cd、Zn、Pb、Hg 而言，$K_E >> K_U > K_L$，这些元素的挥发由熔融矿物相内重金属扩散所控制，重金属元素从熔融体内到熔融体外界面的输运过程起着主要作用。

第7章　结　论

7.1　本书总结

本文通过对华东地区3家典型的城市生活垃圾焚烧发电厂的飞灰进行基本特性分析、静态熔融实验、旋风动态熔融试验、煤气化-旋风熔融集成试验和数值模拟，研究开发出垃圾焚烧飞灰的流化床煤气化-旋风熔融集成处理新工艺，获得的研究结论如下。

（1）垃圾焚烧飞灰成分相当复杂，其主要成分是SiO_2、CaO、Al_2O_3和Fe_2O_3，其次为Na_2O、K_2O、MgO，以及大量氢氧化物、氯化物，还有少量重金属，如Cd、Cr、Cu、Pb、Zn等，其中Pb、Zn等重金属严重超出危险废物鉴别标准；3种飞灰粒径呈近似的正态分布，粒径的主要范围在10～100μm之间；焚烧飞灰熔融处理过程为吸热过程，包括晶体物相转变和试样熔融阶段。每个阶段的温度范围、吸收热量及开始熔融反应温度与飞灰成分有着密切关系。其熔点受成分的影响最为显著，$SiO_2+Al_2O_3$含量的高低直接影响飞灰试样的熔点，3种飞灰的熔点由高到低依次为FA3＞FA2＞FA1。

焚烧飞灰由大量的不规则状结晶相和非晶相组成，外观上较为松散，呈球状、椭球状或片状层叠在一起，孔隙率较高，比表面积较大。焚烧飞灰由氯化物、硅酸盐、氧化物及其他复杂化合物构成；焚烧飞灰为高浸出毒性的危险废弃物，其中的Cd、Cr、Pb、Cu、Zn的质量分数均比土壤中高出很多，3种飞灰中Pb、Cr，FA1和FA2中的Zn的浸出值均超过标准限值，须对焚烧飞灰进行稳定化、无害化处理。3种飞灰浸出前后溶液的pH值的变化规律较为接近，浸取液的pH值以5.3为分界点，分界点之前，浸出液的pH值上升较快，之后变化明显减慢。

（2）焚烧飞灰在管式熔融炉中熔融时，熔融温度越高灼烧减量比越大，在1400℃时基本趋于稳定。熔融时间设定为90min为宜；熔融体内晶粒尺寸随温度的升高逐渐变小，并形成微晶结构均匀分布于熔融体中；1400℃时试样已完全熔融，熔融体表观结构平整光滑，具有较高的硬度，其断面具有光泽且无明显孔隙产生；飞灰经熔融处理后呈结晶状态，熔融体中结晶相数量随温度的升高呈增加趋势；熔融产物中Zn、Cr、Pb、Cu、Cd、Hg等重金属浸出率均非常低，熔融后的飞灰具有较好再次资源化利用前景；在空气气氛中熔融时，添加剂SiO_2、CaO、Al_2O_3对熔融效果的影响次序为：SiO_2＞CaO＞Al_2O_3。

当飞灰在管式炉熔融时，熔融温度对各种重金属的固溶、挥发行为影响显著。熔融温度为1200℃时，Ni、Cr、Cu、As的固溶率最高，熔融温度对Pb、Cd、Hg挥发率影响较小；熔融时间对各种重金属的固溶、挥发行为影响差异较大，熔融时间较长有利于提高Ni、Cr的固溶率，相反对Cu、As的固溶有负面影响。挥发性重金属Pb、Cd、Hg的挥发率在30min内达95%以上；碱基度较高有利于Ni、Cu、As、Cr的固溶；在碱基度为1.5时，Ni、Cu、As、Cr的固溶率均达到最高。Pb、Cd、Hg的挥发率几乎不依附于碱基度变化，Zn的挥发率随碱基度变化较大；对于Cr，SiO_2掺入量为15%时，Cr的固溶率达到最高；对于Ni、Cu和As，当SiO_2的掺入量在5%～15%之间时，有利于它们的固溶率提高，但SiO_2掺入量超过15%时，3种重金属的固溶率与SiO_2掺入量成反比。Zn的挥发率随SiO_2的添加量的增加而减少；对于Cd、Pb，添加SiO_2可抑制Pb，Cd的挥发，但抑制作用并不显著；SiO_2的添加对Hg的挥发几乎没有影响。

熔融气氛对飞灰熔融特性和重金属行为有重要影响。还原性气氛下的熔融效果明显优于氧化气氛，熔渣断面的气孔明显少于氧化气氛下，且表面平整，结构致密而紧凑。氧化气氛下熔融时，Cr、Ni、Cu、As的固溶率随熔沸点的升高而增加，低沸点金属Pb、Cd、Hg、Zn在熔融过程中挥发量较高；在还原气氛下熔融时，Ni、Cr大部分固溶在熔渣中，还原性气氛有利于Ni、Cr、Cu、As的固溶，且在较低熔融温度下固溶率均达到最大值；低沸点重金属的挥发率总体上高于氧化条件，其中Hg、Cd、Zn更容易挥发，但还原性气氛对Pb的挥发却有抑制作用。

(3) 利用旋风炉熔融处理工艺，对焚烧飞灰的熔融特性及熔融过程中重金属的赋存迁移规律进行了详细的研究。

(a) 焚烧飞灰在旋风炉熔融过程中，熔融温度是影响焚烧飞灰熔融特性的重要因素。在<1350℃条件下试样仅发生烧结反应或部分熔融，较高的熔融温度（1400℃）可使试样完全转化为玻璃态，对焚烧飞灰熔融处理有利；飞灰的熔融温度应高出其熔流点温度50～80℃为宜；熔融温度设定在1350℃以上均能满足国内飞灰熔融处理的要求。

(b) CaO添加剂可有效地控制飞灰的熔点，当CaO添加量<15%时，对焚烧飞灰熔融有利；CaO添加剂对焚烧飞灰的助熔作用应根据飞灰的成分进行适当的调整；添加SiO_2有利于降低飞灰的熔点，提高试样的流动性，使其提前达到熔融状态；随着SiO_2添加量的增加，玻璃态无定形物质增多，熔渣稳定性就越好；MgO对焚烧飞灰硅酸盐或硅铝酸盐中的网状结构有破坏作用，可降低熔融体黏度，MgO添加量>5%时，可促使试样达到较好的熔融效果。MgO的添加可使熔渣中的玻璃态物质增多，试样中的晶体亦发生转变，无定形熔渣把晶体相包溶，晶相间鉴别的难度增加。

(c) 在1250～1400℃范围内，难挥发性重金属Ni、Cr、Cu、Co、Mn的固溶率随熔融温度的升高而缓慢增长，熔融温度变化对易挥发性重金属As、Pb、Cd、Zn固溶率有显著影响且差别较大，对 Hg 的挥发影响甚微；飞灰中 CaO 的添加对 Cr、Cu、Mn 的固溶有抑制作用，挥发性重金属 As、Zn、Pb 的固溶率亦随 CaO 添加量的增加而减小；熔融过程中添加 SiO_2 对重金属的固溶率有促进作用，随试样中 SiO_2 添加量的增长，Ni、Cr 的固溶率而略有增加，Cu、Co、Mn 的固溶率明显提高；挥发性重金属 As、Cd、Zn、Pb 的固溶率随 SiO_2 添加量的增大呈显著上升趋势，Hg 的挥发对 SiO_2 的介入并不敏感；MgO 的添加有利于重金属的固溶，随着 MgO 添加量的增加，除 Hg 外，其余所有重金属的固溶率均有所提高，其中对于挥发性重金属 Zn、As、Cd、Pb 的固溶率提高更为显著，对于 FA3 而言 MgO 控制在 10%左右对重金属的固溶效果最佳。

（d）在不同熔融温度下，烟气中难挥发性重金属（如 Ni、Cr）含量极低，烟气中挥发性重金属对熔融温度较敏感，随温度变化呈先减后增的趋势；CaO 添加量为 5%时可减少熔融过程中挥发性重金属的排放，继续增加 CaO 将对飞灰熔融过程中重金属的固溶产生负面影响；烟气挥发性重金属含量随 SiO_2 添加量的增加而减少，但 Hg 则未呈现出任何规律；MgO 的介入对烟气中重金属含量有密切关系。对于 FA1，烟气中重金属含量与 MgO 添加量呈反比关系；对于 FA3，则呈先减小后增加的趋势，烟气中重金属含量在 10%左右达到最低。

（4）构建了垃圾焚烧飞灰的流化床煤气化-旋风熔融集成处理系统，对该系统的试验研究表明，流化床煤气化-旋风熔融集成处理系统的设计基本合理，整个系统能够协调稳定运行。同时，研究了空气-煤质量比（空煤比）、蒸汽-煤质量比（汽煤比）、床层温度、添加剂种类等因素对焚烧飞灰熔融过程中重金属元素赋存迁移规律的影响。

（a）焚烧飞灰在流化床煤气化-旋风熔融系统中熔融时，在不同的空煤比条件下，Ni、Cr 的固溶率最高，多数在 90%以上，Cu、Mn、Co 随空煤比增加仍呈缓慢上升的趋势；易挥发性重金属的固溶率随空煤比的增加基本呈上升趋势，Cd 呈先增后减的趋势，重金属固溶率超过 30%的元素主要有 As 和 Zn；Hg 的固溶率随空煤比的变化基本维持不变，大量的 Hg 在熔融过程中挥发；Co、Cr、Cu、Mn、Ni 的固溶率随汽煤比增大呈先增后减的趋势，Cr、Ni 的固溶率在不同工况下均大于 90%；随着汽煤比的增加，挥发性重金属的固溶率呈现出先增后减的趋势，且在汽煤比为 $0.41kg \cdot kg^{-1}$ 时，固溶率达到最高；当床层温度在 860～920℃之间时，Mn 的固溶率随床温的升高略有降低，而其他重金属 Co、Cr、Cu、Ni 的固溶率与床层温度呈正相关，固溶率大小依次为：Ni＞Cr＞Cu＞Mn＞Co；Zn 的固溶率与床层温度呈反比，Pb 的固溶率随床层温度的升高而升高，Cd 随床温的升高固溶率略有提高，Hg 的固溶率随床温变化很不明显。

（b）添加 MgO 对 Ni、Cr 固溶较为有利，CaO、SiO_2、MgO 的添加对于 Mn 的固溶率均无明显提高；对于 Cu，SiO_2 的固溶效果最好，MgO 次之，CaO 稍差；添加 MgO 时 Co 的固溶率最高，SiO_2 次之，CaO 最差；MgO、SiO_2 的添加相对无添加剂时重金属的固溶率有显著提高。对于挥发性重金属 As、Zn、Cd、Pb，MgO 的添加效果

优于 SiO_2、CaO，说明 MgO 对于挥发性重金属的固溶有很好的效果；3 种添加剂对焚烧飞灰中重金属的固溶率提高顺序依次为：MgO＞SiO_2＞CaO。

(5) 建立了焚烧飞灰熔融过程中重金属的挥发扩散模型，并对不同熔融温度下焚烧飞灰中重金属的固溶率进行了数值模拟，总体模拟结果与实验结果，数值相近，趋势基本吻合。

重金属元素由熔融体扩散到主气流中的整个过程的释放速率，可以表示为重金属元素从熔融体内扩散到其表面的质量传递速率 K_L，重金属元素在熔融体表面的汽化速率 K_E，以及气相的重金属元素通过飞灰熔融体的孔隙到外界主气流的输运速率 K_U，计算结果表明：在熔融温度下（1400℃），$K_E > K_U > K_L$，即整个汽化过程由熔融体内的扩散所控制；对于 Ni、Cr、Cu、Mn，$K_U >> K_L > K_E$，熔融过程中这些元素挥发过程主要由熔融矿物质表面重金属挥发速率 K_E 和熔融矿物质内重金属元素质量传递速率 K_L 共同控制；对于 Co 而言，$K_L > K_U > K_E$，在熔融过程中的挥发主要熔融矿物质内重金属元素质量传递速率 K_L 控制；对于 As、Cd、Zn、Pb、Hg 而言，$K_E >> K_U > K_L$，这些元素的挥发由熔融矿物相内重金属扩散所控制，重金属元素从熔融体内到熔融体外界面的输运过程起着主要作用。

7.2 主要创新之处

本文针对华东地区 3 家典型的城市生活垃圾焚烧发电厂的飞灰，分别在自行设计的管式熔融炉、旋风熔融炉、流化床煤气化-旋风熔融集成系统中进行了系统地熔融试验研究，并对各种工况参数的影响进行了分析和比较。本文的创新之处如下：

(1) 在管式熔融炉中对焚烧飞灰进行静态熔融实验，比较全面地研究了熔融温度、熔融时间、碱基度、气氛、添加剂等诸多因素对其熔融特性及重金属行为的影响，不仅获得了常规氧化气氛下难挥发性重金属的固溶率与其熔沸点呈正相关的规律，而且首次获得了还原性气氛下的熔融效果明显优于氧化气氛、难挥发性重金属的固溶率高于氧化气氛、低沸点重金属的挥发率也高于氧化条件的规律，更贴近实际熔融炉反应状态。

(2) 在国内首次采用自行设计的旋风熔融炉对焚烧飞灰进行了动态熔融试验，对熔渣试样的微观形貌变化、矿物组成特性、重金属固溶及挥发特性进行了系统研究。结果表明，采用旋风熔融处理焚烧飞灰时，易挥发性重金属的固溶率较管式熔融炉有明显提高；同时，获得了焚烧飞灰熔融处理的最佳操作条件，基本实现了飞灰毒性的最小化，熔渣中重金属浸出毒性指标达到发达国家标准限值的要求。研究结果还可以为焚烧飞灰熔融处理技术的工程应用提供重要的技术参考。

(3) 探索性地研究了 3 种氧化物添加剂对旋风炉中焚烧飞灰的熔融特性、重金属行为特性及烟气中重金属分布规律的影响，并对 3 种不同种类添加剂进行了对比试验，筛选出了 MgO 和 SiO_2 两种添加剂，不仅有助于焚烧飞灰熔融处理，而且能够提高飞灰在熔融过程中重金属的固溶率。

（4）首次提出了垃圾焚烧飞灰的流化床煤气化-旋风熔融集成处理工艺，构建了流化床煤气化-旋风熔融集成处理系统，并对该系统进行了试验研究，结果表明，流化床煤气化-旋风熔融集成处理系统的设计基本合理，整个系统能够协调稳定运行。流化床煤气化可为后部熔融系统提供热源，可使该工艺能源费用降至最低；旋风熔融可有效地固溶焚烧飞灰中的重金属，易于焚烧飞灰的大规模处理。因此，该工艺能够实现垃圾焚烧飞灰的低成本、减容化和无害化处理。

（5）在试验研究的基础上，考虑了熔融过程中气固反应、飞灰颗粒传热传质、挥发性重金属扩散等因素，建立了焚烧飞灰熔融过程中重金属的挥发扩散模型、重金属元素从飞灰颗粒内释放模型，并对不同熔融温度下焚烧飞灰中重金属的固溶率进行了数值模拟，模拟计算结果与试验结果趋势一致，数值相近。

7.3 进一步工作及建议

焚烧飞灰熔融特性及熔融过程中重金属行为特性的研究涉及多学科领域的知识，在熔融温度下焚烧飞灰发生一系列复杂的物理化学反应，目前尚不能确切地了解其反应机理，所以对焚烧飞灰熔融过程中重金属元素行为特性的研究还需要进行更深入的研究。结合本文的研究工作及体会，对今后还需进行更深一步的研究工作，提出以下几点建议：

（1）对焚烧飞灰熔融过程中重金属元素行为特性进行更全面研究，针对不同的地域、垃圾种类、焚烧系统、运行参数等建立重金属污染物排放的数据库，并采用有效的污染物排放评估方案制定出符合我国国情的重金属排放标准。

（2）由于焚烧飞灰熔融处理操作温度较高，对飞灰熔融反应机理的研究仍处基础理论研究阶段，如何解决熔融烟气中重金属的捕集和处理问题，仍是飞灰熔融技术进一步研究的重点。

（3）在焚烧飞灰熔融处理试验过程中，由于受时间、试验手段、测试条件等多方的限制，未对焚烧飞灰中有机污染物进行研究，建议对焚烧飞灰有机污染物（二噁英、PAHs）进行测试研究，并将有机污染物与无机污染物（重金属）结合在一起建立评价体系，这将为污染物的控制提供更为有效的理论依据。

参考文献

［1］张益，赵由才．生活垃圾焚烧技术［M］．北京：化学工业出版社，2001.

［2］朱芬芬．生活垃圾焚烧飞灰中典型污染物控制技术［M］．北京：化学工业出版，2019.

［3］邹昕，龙吉生，黄一茹等．欧盟垃圾焚烧厂能源效率评价体系及其对我国行业发展启示［J］．环境工程．2024，42（02）：220—229.

［4］顾田春，杨才溢，王宇成．垃圾焚烧飞灰中重金属固化/稳定化研究进展［J］．山东化工．2023，52（19）：201—206.

［5］许飞，周文武，常可可，等．垃圾焚烧过程重金属迁移分布规律研究现状［J］．再生资源与循环经济．2021，14（11）：33—37.

［6］苏红玉等．危险废物处理处置技术及应用［M］．北京：化学工业出版社，2023.

［7］杨风玲，李鹏飞，叶泽甫．城市生活垃圾焚烧飞灰组成特性及重金属熔融固化处理技术研究进展［J］．洁净煤技术．2021，27（01）：169—180.

［8］新井纪男，三浦隆利，宫前茂广．燃烧生成物的发生与抑制技术［M］．北京：科学出版社，2001.

［9］钟真宜，兰永辉．固体废物处理处置［M］．北京：化学工业出版社，2021.

［10］Wong Guojing，Gan Min，Fan Xiaohui，et al. Co－disposal of municipal solid waste incineration fly ash and bottom slag：A novel method of low temperature melting treatment［J］. Journal of Hazardous Materials，2021，408：124438.

［11］Gao Jing，Dong Changqing，Zhao Ying，et al. Vitrification of municipal solid waste incineration fly ash with B2O3 as a fluxing agent［J］. Waste Management，2020，102：932－938.

［12］张俊杰，刘波，沈汉林，等．垃圾焚烧飞灰熔融无害化及资源化研究现状［J］．工程科学学报. 2022，44（11）：1909－1916.